博碩文化

秋聲教你玩

Python

給挑戰者
的修行之路

北極星

U0086603

Winston says

Let's play
Python！

學技術・不填鴨
Suitable for young readers and beginners！

作　　者：北極星
責任編輯：魏聲圩

董 事 長：蔡金崑
總 編 輯：陳錦輝

出　　版：博碩文化股份有限公司
地　　址：221 新北市汐止區新台五路一段112號10樓A棟
　　　　　電話(02) 2696-2869 傳真(02) 2696-2867

郵撥帳號：17484299　戶名：博碩文化股份有限公司
博碩網站：http://www.drmaster.com.tw
讀者服務信箱：dr26962869@gmail.com
讀者服務專線：(02) 2696-2869 分機 238、519
（周一至周五 09:30 ～ 12:00；13:30 ～ 17:00）

版次：2019 年 7 月初版一刷

建議零售價：新台幣 450 元
I S B N：978-986-434-414-7（平裝）
律師顧問：鳴權法律事務所 陳曉鳴律師

國家圖書館出版品預行編目資料

秋聲教你玩Python：給挑戰者的修行之路 / 北
極星著. -- 初版. -- 新北市：博碩文化, 2019.07

面 ； 公分

ISBN 978-986-434-414-7(平裝)

1.Python(電腦程式語言)

312.32P97　　　　　　　　　　108011479

Printed in Taiwan

歡迎團體訂購，另有優惠，請洽服務專線
博 碩 粉 絲 團　(02) 2696-2869 分機 238、519

Chapter 16

一定要打槍的義大利麵

Chapter 17

一串文字的玩法

Chapter 18

Python基礎的最後衝刺-基礎篇

　　自從機器學習以及 AI 人工智慧等技術火紅了起來之後，Python 這門語言的價值也可以說是跟著水漲船高，怎麼說呢？因為開發機器學習以及 AI 人工智慧的語言大多都是使用 Python 居多，因此，Python 的前景可以說是不可限量。

　　想當初在接下對於 Python 的寫作之時我便感到許多感嘆，怎麼說呢？主要是因為程式語言從困難的組合語言開始，逐步地演化到 C、C++ 以及 Java 等主流語言，到後來甚至是出現了比前者們更為簡單又好上手的多種語言，像是 Ruby、Python 等就是，我感嘆的是程式語言在結構上有越來越簡單化的趨勢，這對許多學習者而言，已經可以逐漸地擺脫過去前人因為學習程式語言所帶來的那種辛苦與痛苦，為什麼這樣說呢？因為就結構上來說，Python 可以說是我看過的程式語言當中，是一門最好學習同時也是一門最好上手的程式語言了，因此，這種演化的結果使我感嘆萬分。

　　筆者曾經出過幾本 Python 的書，而這些書也讓許多工程師、設計師、初學者們、花大錢上補習班受培訓者們、本科生、非本科生、上班族等的喜愛，有一次，有一位私立中學的國二生（他現在已經是高一生了）跑來告訴我，他興奮地告訴我說他在看了我寫的 Python 和 C 之後，只要是考試，他每次絕對都能夠及格，同時也告訴我，他的志向就是要走高職資訊科。

　　我聽了這話之後感到非常欣慰，怎麼說？因為資訊業是個前途非常高，同時也是關乎到我國科技以及經濟的重要命脈，你能想像一下，如果一個國家完全沒有資訊業，那會是一個什麼樣的世界？沒有電腦、沒有手機、沒有電視、沒有電子產品…我想，你一定是無法想像這種世界的，對嗎？而一個國家的資訊業若要進步，人力資源是絕對必須要有，如果沒有人，那誰來發展資訊業？你說對嗎？

本書的寫作目的就在於此，我一直希望能夠藉由生活上平易近人的語言以及幽默搞笑的方式來描述 Python 這門程式語言，主要是因為，現代人生活忙碌，除了沒有那麼多時間在那邊查專有名詞之外，更重要的是，下班下課後誰都累死了，是有多少人還願意花時間與體力來讀一本只用專有名詞來寫的艱澀書籍，更重要的是，用專有名詞來寫作的 Python 程式語言在現今市面上也已經多到沒辦法數（如果你也把國外的書籍也算進去的話）

　　因此，對廣大讀者以及出版社而言，都不缺乏再用專有名詞來寫一本 Python 程式語言的書，反而是需要一本能夠普及大眾，並且讓各位能夠真正學到知識的書，為此，我可是費盡心血，嘗試用多種方法來幫助各位能夠在歡笑與快樂之中來學到 Python 的基礎。

　　我在寫作時，假設讀者們完全都不懂什麼是電腦，也不懂什麼是程式語言，也不懂什麼是程式、也不懂什麼是軟體、也不懂什麼是模組，我只假設讀者們懂最簡單的英文字母 abc 以及最簡單的英文單字 apple 還有最最最簡單的一句話 This is a book，以及還有更簡單的加減乘除之後，就把這本書給寫起來了。

　　你可別以為這很好笑，讀過我前面所寫過的 Python 當中，就有小六生以及空姐就這樣子地建立起程式語言的基本概念，不但如此，有的人還以此為基礎，去看其他作者們更為艱深的著作，就有位曾經連高中都快畢不了業的讀者還因此去學習了人工智慧，有了這些成績，我想我用的方法是對的，只是手段上有點誇張。

　　其實我覺得也不用太 care 這些問題，我覺得只要能夠幫各位學習知識，多用幾個方法是個不錯的選擇，既然傳統的路走不通，那就走另類的路，艱澀的 Python 教科書沒多少人想看，那就來看看搞笑的科普 Python 吧，但不管是艱澀的 Python 教科書也好，搞笑的 Python 也罷，只要能夠真正地讓讀者們心有所得，那就是一本好書了，那怕內容再下流也一樣。

我知道我寫的程式語言有很多的小朋友們在看，也知道如果教育部政策不變的話，從下一個學年度開始，程式語言即將列入高中職以下學生的必修課，因此，這本書其實也是獻給這些小朋友們看的一本入門書，書中沒有深奧的演算法，也沒有會把你給活活整死的演算技巧，只有簡單的基本概念而已，因此，請各位不要怕，這本書真的很親切，不需要學程式學到想死，放心，這本真的很輕鬆。

　　這次的審校我請了一位前輩，這位前輩時常匿名行走江湖，並且也常與暗網、駭客技術等打交道，前輩不但是一位隱藏在江湖之中的神祕高手，更也是小朋友心目中的好老師、好家長，因此，這次在審校方面我特意請了前輩以家長的身分，不要以工程師、程式設計師甚至是駭客的角度來看待這本書，我相信，以家長的身分來看待這本書，是可以讓這本書的作用發揮到最大，同時也可以讓更多人因此而受益良多。

　　最後，感謝讀過我寫過的 Python 們的讀者，因為有了各位的讀後感，也才能給了我出版這本書的勇氣，也希望各位在閱讀了這本書之後，能夠再給我點意見，我想，這些意見都是讓我們北極星作者群以及包含我本人在內的一個最大成長的動力。

以上

北極星苦命人

本書的適用對象

1. 初學者

2. 中小學以上學生

PS：中小學以上學生可視情況來選讀本書的內容，對於書中內容不一定要全讀，過於困難的點可暫時先跳過。

本書的學習方法

1. 本書偏重於講解原理，所以請不要記憶本書的內容，能夠理解知識即可。

2. 不要去記憶本書裡頭所用到的那些工具（函數），那些工具（函數）請各位上 Python 官網查詢即可。

3. 看了本書的程式碼之後一定要自己親自動手寫，不要只看我寫，而自己都不寫，這樣是不會進步的。

4. 試著修改書中的程式碼，然後藉此來印證書中的知識點或者是你對程式修改時的想法。

5. 看完本書後可以再看看別的老師們的著作，可彌補本書之不足。

6. 本書對於資料結構 Data Structures 的部分只著重在於其基本原理，跟資料結構 Data Structures 有關的工具（函數）請各位上 Python 官網查詢即可。

7. 英文單字方面我只幫各位查到前六章，從第七章開始英文單字的補充會越來越少，主要是希望各位能夠自己動手去查英文單字，請不要偷懶查閱英文單字的好習慣。

本書使用工具與軟體

執行本書程式碼需要安裝下列選項：

1. JRE

2. Eclipse

3. Python3.7

安裝過程我會放在本書的社團上：

https://www.facebook.com/groups/1528737187452769/

給家長們的一封信

「與其家財萬貫、不如一技在身」我記得這句話是我以前念書時所聽到的，但那時候由於我年紀尚輕，因此，我對於這句話的意涵並沒有多少的體會，直到我離開學校，正式踏入社會工作之後才深深地體會到這句話的意義。

如果各位家長們有閱讀新聞或者是報章雜誌的習慣，我相信現今當下的有些專有名詞您一定都知道，像是 AI 人工智慧、機器學習還有日常生活當中我們所用的手機 APP 等等，我相信拾起本書的各位家長們一定都對這些新穎的專有名詞耳熟能詳，而本書，雖然不是在講前面的那些技術，講的卻是目前走在流行前端的資訊科技。

我知道資訊科技並不是一門好學的科目，也知道這世界上並不是所有的人都適合來學習這門科目，那也許各位會問，這本書是不是只能給想學，但平常又覺得程式語言太難的孩子們學習與閱讀呢？

我認為，這只是其中一半的原因而已，還有另外一半的原因就在於培養孩子們具有一種態度，什麼態度呢？就是能夠養成一種「大膽假設，小心求證」的態度。我們在寫程式之前都會先想想，我為什麼要寫這個程式、我這個程式要怎麼寫、我所想的這個程式到底能不能被證明出來以及還有一個最重要的態度，那就是我要怎麼樣去解決我程式當中所面臨到的許多問題。

以功利的角度來講，學程式語言的目的就是學得一技之長，並且可以因此而謀生，我認為這很好，因為每個孩子在將來出社會後能養活自己、安身立命是每位家長的最大心願，但如果以訓練態度的角度來講，程式語言是個非常好的學習對象，因為它可以幫助孩子們去構思問題、去設計問題同時也是最重要的，去解決問題，並且可以從解決問題當中，來訓練孩子們思考問題與解決問題的能力。因此請各位家長們放心，學程式語言的目的並不是都要每位孩子們將來都要當電腦科學家或資訊工程師，而是培養一種能力、一種態度。

有了這種能力與態度之後，就可以把它運用在我們的日常生活裡去解決自己生活當中的大小事，當然也包括自己的人生。我認為，養成一種獨立思考與解決問題的能力，是給孩子們一生中最大的禮物，畢竟生為家長，最牽掛的就是自己的孩子能獨立與否，如果可以，不但能看著自己的孩子們在學習之時有所成長，同時更能夠了卻自己一生當中的心願與牽掛。

　　本書就是因此而給各位開了一條道路，但願各位能夠在這條道路之上均心有所得，不論各位想得的是什麼。當然啦！由於資訊科技是個高科技產業，同時也是當前國家的經濟命脈之一，如果能夠因此而習得一技之長，投身資訊業，我相信，這對自己以及國家產業發展上來說，都會是一大福音。

以上

作者群

給同學們的一封信

　　各位同學們大家好，拿起本書的各位我相信你們都辛苦了，主要是因為各位除了要學習學校的正課之外，同時也要抽出時間來學習程式語言。

　　我知道有些國高中的同學們在學校裡頭正在學習程式語言，像是 Python 和 C（聽說也有高中老師在教 C++），我知道這些課對各位同學們來說，都不是一門好學的科目，程式語言這種科目別說你們了，就連對心智成熟的成年人來說也是相當不簡單，既然如此，那身為成年人的我們又怎麼能夠苛刻地去要求你們一定要學好程式語言呢？

　　因此，我設計了這本 Python，我希望能夠用一種簡單好懂，並且用你們青少年的語言來跟你們聊 Python，目的就是為了幫助你們能夠順利地學習 Python 這門程式語言。

　　Python 雖然說是一門在程式語言當中算是比較簡單好學的語言，但這不代表它就不難，要把 Python 弄得很難也可以，雖然我在寫這本書的時候參考了許多前輩們所寫的書籍，但這些書籍對於 Python 的介紹，可以說是一個比一個還要難，如果這本書也跟前輩們所寫過的書一樣難的話，那我看這真的會狠狠地澆熄各位對於學習 Python 的信心與動力了，因此，Python 中有些困難的語法我猶豫了很久之後，我認為那些語法對於你們小朋友們來說非常困難，所以我最後還是放棄不寫了。

　　老實說，要寫一本難倒各位的 Python 很簡單，但我覺得這樣做沒有什麼意思，因為這會讓你無法學習 Python 的基本知識，所以本書在設計上可以說是拋棄了傳統的寫法，畢竟書要怎麼寫，知識要怎麼表達，自然與人類的社會並沒有明文規定我要怎麼寫，所以你放心，這不是一本很困難的 Python 入門書籍。

以及，拾起本書的各位請想一想，你為什麼要來學習 Python 呢？你是為了應付學校考試呢？還是真心地想學好這門程式語言？

　　其實，各位有沒有發現到，我在書中的每一道程式裡頭都有給程式運作的結果，而那種結果，就是一種證明。怎麼說？因為你想的程式碼跟程式碼能不能跑其實是兩回事，同樣道理，在你的日常生活中，你所想的事情跟實際的情況也是兩回事，而你只有透過實際的行動，你才能夠證明你所想的事情是不是真的。我在寫這本書的時候，我一直希望各位能夠藉由學習程式語言，然後培養出一種追求真理的精神與態度，我知道這種精神與態度學校老師是不一定會教你的，當然，這也不是我們臺灣主流教育的價值觀，所以在此我提了出來，希望各位能夠細心品味我所講的話。

　　學完了本書之後如果各位還覺得意猶未盡，屆時可以學學 Python 的其他應用，又或者是其他的程式語言，例如像是無指標的程式語言 Java、C#、Swift、Kotlin 以及 Ruby 等等這些各位都可以去學習。還有，別因為過度沉迷於玩程式語言而荒廢了你的學業，本書不是你的正課，只供你課餘之時學習用，請把你的正課給顧好之後，再來學習程式語言。

　　最後，希望各位能夠藉由本書至少來 pass 你的學校課業，同時也希望不會再有人跑來告訴我，當我開始坐在教室裡上程式設計的時候我就開始想人生活著的意義以及到最後非常想死，而是能夠從中有所得，不管你想得到的是什麼。

以上

暖身運動

用 Python 來罵髒話吧

　　話說從前，當我還是學生的時候，就認識了我的好室友，為什麼我會說他好呢？答案就是因為他除了上廁所會洗手＋吃飯會付錢之外，令我感到非常敬佩的地方就是他看片片一定都會付錢。因此，我跟他倆人幾乎可以說是無話不說＋無話不談，為了紀念我跟他倆彼此之間的友情，於是我們倆都互相給對方取了個綽號，一個叫畜生，而另一個則是叫禽獸，也因此，一隻畜生＋一隻禽獸＝兩個都不是人的好傢伙就共同一起生活在一間屋簷下長達五年之久，直到我搬回臺北。

　　為了紀念我跟他之間的這段友情，於是我便用 Python 來紀念他，也許你會問，什麼？用 Python？這怎麼玩？

　　咳咳，其實這也沒多複雜，讓我們來看看這道程式碼要怎麼寫，很簡單，請看下面：

　　其中，英文單字「print」的中文意思就是指「印刷」，而「bugger」的中文意思就是指「畜生」，所以：

```
print("bugger")
```

的意思就是說，把「畜生」這個字給「印刷」出來。

　　怎麼樣，Python 看起來是不是很簡單也很好玩？想繼續跟我玩下去嗎？想的話，跟我走就對了。

英文單字加油站：

英文單字	中文翻譯
print	印刷
bugger	畜生

1.2 用 Python 來玩玩 1+1=2 吧

　　話說，在一個閒來無事的夜晚中，有兩個無聊的大男人此時正躺在沙發上翹著雙腳眼睛正盯著電視看（的確是兩個大男人，之中沒有激情的畫面）這時候室友突然間問我：

室友：1+1 等於多少？

秋聲：你想幹嘛？

室友：我想考考你那無能的腦子。

秋聲：這很難說耶！

室友：怎麼說？

秋聲：你得看看你的單位是什麼，如果是一男一女的話，那結果可能還是等於二，但如果你們倆都中獎的話，那結果至少是三人起跳囉。

室友：我就知道你腦子裡全都裝這些東西，不是髒就是黃，虧我平時是怎麼教你的？

秋聲：還好啦！我還不是跟你學的嗎？不然你以為我這身的嘴砲功夫是怎麼來的嗎？濕父。

咳咳，說到電腦，它的英文名字是 computer，但其實如果把 computer 這個字給直接翻譯成中文的話，它的意思是計算者，因為字尾為 er，但在某些國家、地區或者是某些時候我們會把 computer 這個字給直接翻譯成計算機，既然是計算機，那它又是在計算些什麼呢？

由於我們全部都是初學者，所以我們現在也不要去想太多，最最最最最簡單的計算就是指上面我們所說的 1+1 等於多少的問題。現在，我們要用 Python 來請電腦也就是我們的計算機來幫我們算算 1+1 等於多少的問題，請看下面的程式碼：

請各位來看看我們的程式碼：

```
print(1+1)
```

其中，英文單字「print」的中文意思就是指「印刷」，而印刷的內容是什麼呢？答案就是英文單字「print」裡頭的數學式子「1+1」等於多少的結果，換句話說：

```
print(1+1)
```

的白話意思就是指，請把數學式子「1+1」給做計算，計算完之後再把計算結果 2 給「印刷」出來。

Python 是不是很簡單？真的，其實我覺得 Python 是我所碰過的程式語言當中算是比較友善的一種程式語言，因此，請各位在學習 Python 的時候不要害怕，只要跟著我的腳步一步一步地走，你也可以把 Python 給學起來的，相信我，請務必要對自己有信心。

1.3 補給加油站 - 工具的概說

在前面，我們使用了「print」這個英文單字來幫助我們「印刷」出我們的文字以及數學的運算結果，其實，「print」這個英文單字在我們的 Python 這門課當中不叫英文單字，也許你會說，那不叫英文單字的話該叫什麼？

咳咳，跟前面一樣，我們還是先從最簡單以及最好理解的地方來下手，各位一定都知道工具這玩意兒吧？在我們的日常生活中，我們會碰到許許多多既方便又有用的工具，然後藉由工具的使用，來完成我們想要做的事情，例如說：菜刀，我們可以拿菜刀這個工具來切菜，又或者是剪刀，我們也可以拿剪刀這個工具來剪紙，又或者是螺絲起子，我們也可以拿螺絲起子來鎖已經鬆掉的螺絲。

工具在我們的日常生活當中不但可以說是無處不在，並且也可以幫助我們完成我們所想要完成的事情，但話雖如此，我們卻不需要去了解有關於工具的以下幾點：

1. 工具本身的材質是什麼
2. 工具是什麼牌子的
3. 製造工具的公司位於哪
4. 當工具在工廠被製造完畢之後，它是怎麼被送過來的
5. 工具被批發到哪間店
6. 又是誰去買了這個工具

⋮

等等等等等這些問題，我們並不會去問，因為只要工具能夠替我們解決問題，我們還哪管它那麼多，你說對吧？

例如說菜刀好了，我用菜刀切菜，並且可以完成我親手煮給我室友吃的餿水大餐那才是我的最終目的，只有極少數的人會問說：

1. 菜刀本身的材質是什麼

2. 菜刀是什麼牌子的

3. 製造菜刀的公司位於哪

4. 當菜刀在工廠被製造完畢之後，它是怎麼被送過來的

5. 菜刀被批發到哪間店

6. 又是誰去買了這把菜刀

　⋮

等等等等等之類的這些問題，反正菜刀只要能用，你管它那麼多，那都不是我們的問題，你說對吧。

我們的「print」也是一樣，「print」它也是個工具，只是說它是 Python 所提供給我們來使用的一種工具，因此，我們可以很方便地使用「print」這個工具而不用去追問上面我剛剛所列出的那幾項問題，除非真的非常有必要，那屆時我們才要去追問那些我剛剛所列出來的那幾項問題，各位說對吧？

但話說回來，像「print」這個工具用歸用，我們也是要大概知道它是怎麼使用的對吧！就像操作說明書那樣，把使用規則或者是注意事項等等之類的事情給說清楚這樣大家才會知道「print」這個工具到底要怎麼使用，讓我們來看看下面的程式碼：

在程式碼的第一行當中：

```
print("Hello Python")
```

我們使用了雙引號「""」來把一串文字「Hello Python」給包起來；而在程式的第二行當中：

```
print('Hello Java')
```

　　我們則是使用了單引號「''」來把一串文字「Hello Java」給包起來，也就是說，對於工具「print」而言，使用雙引號或者是單引號都是可以被工具「print」給接受，並且輸出我們心目中想要輸出的一段文字，你說對吧！

　　再來是，文字可以跟數學運算式子一起來做搭配，讓我們來看看下面的這個例子：

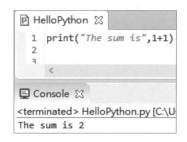

　　在程式：

```
print("The sum is",1+1)
```

　　當中我們使用了雙引號「""」來把那一串文字「The sum is」給包了起來，之後我們用了逗號「,」來區隔開前面的那一串文字「The sum is」，最後寫上想要輸出的數學運算式子的執行結果，也就是「1+1」的運算結果 2。

　　關於工具「print」的故事我們就暫且先講到這邊，後面還會有關於它的應用規則。

　　最後，我要說的是像 Python 所提供的工具不只是「print」一個而已，還有很多很多的工具都可以讓你去使用，不但如此，要是你覺得這些工具的功能不能夠滿足你的要求的話，你也可以自己自行去設計出一個完完全全屬於你自己的工具，設計出來之後你不但可以給自己使用，同時也可以發表出來讓別人使用，而大家能夠使用因為你所設計出來的工具，來完成我們所要完成的專案。

所以工具只是完成專案的方法或手段，而不是目的。

英文單字加油站：

英文單字	中文翻譯
sum	總和

打開 Python 的
基礎大門

2.1 數字的基本類型

咱們在前面已經簡單地提到過數字，那時候我們用了最簡單同時也是大家最好懂的 1+1=2 為例子來做說明，但其實數字還有些需要注意的地方，例如說類型，讓我們來統一整理一下。

1. 整數

前面提到，我之所以會和室友住在一起，其中的一個原因就是因為他吃飯會付錢，例如說，他每當吃一頓麥當當 15 號餐的時候，便會付 112 元給麥當當，像數字 15 以及 112，它們的類型我們就稱為整數（integer，或 int）。

2. 浮點數

也是一樣讓我們回到前面，我這位可愛的室友除了上面所說的吃飯會付錢之外，就連他上網買國外來的原裝片片也是一樣會付錢，但由於匯率的因素（就是台幣比 J 幣，J 的意思就是指 Japan，也就是日本）所以通常把日幣給換算成台幣之後，台幣的數字部分都不會是剛剛好的整數，例如說像他最近就上網買了一部《暗黑波多野》的片片，要是把那部片片給換算成台幣的話就是 352.633 元，而像 352.633 這樣子的數字我們在電腦的世界裡頭就稱為浮點數（Floating point）。

浮點數有兩種，它們分別是：

一、float：倍精度浮點數，例如：352.633
二、decimal：比 float 更精確的數，例如說當 10 除以 3 的時候會出現比 3.333 更多小數位的結果

3. 布林

會用到布林（英語：Boolean，在我們的 Python 裡頭簡稱為 bool）的話，就是用在判斷真（True）與假（False）的時候，通常我們會把真給設定為 1，

而把假給設定為 0，例如說：室友愛看片片為真，也就是說室友愛看片片為 1，秋秋不愛看片片為假，也就是說秋秋不愛看片片為 0，所以這裡的關鍵就在於 0 與 1 這兩個數字。

日常生活中發生的「對」或「錯」，「真」或「假」，我們以數字 1 和 0 來代表它們，方便電腦去做運算，雖然「布林」這名詞很陌生，大家也不用對它們有太大的壓力，它們不過就是 0 和 1 罷了。

對於上面的內容我們只要先有一個簡單的基本概念就可以了，之後我們會用 Python 來對它們做說明。

2.2 指向布丁的盒子

話說，有一天晚上我做了一個夢，夢見我當上了巧克力牛奶布丁工廠的廠長，然後我看到了像下面的這個設備：

上圖是一個名稱為巧克力布丁盒的盒子，如果這時候出現了一個類型為布丁，並且編號為 12345678 的巧克力布丁，那麼這時候我們的巧克力布丁盒便會指向這個類型為布丁，並且編號為 12345678 的巧克力布丁，情況如下圖所示：

現在，讓我們回到我們的 Python，如果我們把巧克力布丁盒給改成 number，而把巧克力布丁給改成數字 5 的話，那情況至少就會變成這樣：

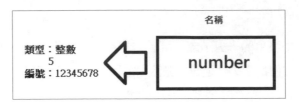

類型的話我們已經說過了，至於編號的話我們晚點再說，如果把上圖給寫成正式的 Python 程式碼的話那就是：

要注意的是，如果盒子有指向布丁的話，那表示布丁還有存在的價值，要是當盒子不再指向布丁的話，那此時的布丁就會從原有的空間（所謂的空間也就是指記憶體）當中所清除掉（想像一下就是把布丁給丟進垃圾桶），以免佔據空間。

同樣的情況，當盒子 number 還有指向數字 5 的話，那表示數字 5 還有存在的價值，但如果盒子 number 不再指向數字 5 的話，那此時的數字 5 就會被當成垃圾來做回收（Garbage Collection），並且從原有的空間（也就是記憶體）當中給清除掉，理由跟上一段所講的一樣，免得佔據空間。

本節暫且先到這樣就好，請各位暫時先有個概念這樣就夠了。

盒子的概念其實大家並不陌生，如果是高年級的小朋友，老師都會教「未知數」，用英文字母 x y z 等來代表某個數字，不同的是 Python 和其他程式語言允許你用一整個單字代表未知數，這樣不是更人性化嗎？

PS：在上面的圖當中，所謂的編號（例如布丁的編號）就是指記憶體位址，在我們的這門課裡頭，原則上你不太需要知道太多有關於記憶體以及記憶體位址等等太多有關於底層的基本知識，但如果你真的想要知道的話，可以參考《秋聲教你學資訊安全與駭客技術：反組譯工具的使用導向》一書裡頭的相關內容，那裡頭會有你想要的基本知識。

以及，如果你不知道什麼是記憶體以及記憶體位址的話那其實也無所謂，因為這目前還不是很重要，你可以直接跳過。

英文單字加油站：

英文單字	中文翻譯
number	數字

2.3 使用盒子時的布丁合成法

繼續我前面的夢境，接下來，我看到了一個景象，這個景象是說，把巧克力布丁和牛奶布丁給合成起來的過程與結果，讓我們來看看：

1. 預備：

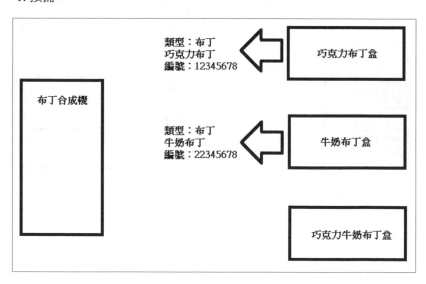

2. 把巧克力布丁盒所指向的巧克力布丁給丟進布丁合成機裡頭去：

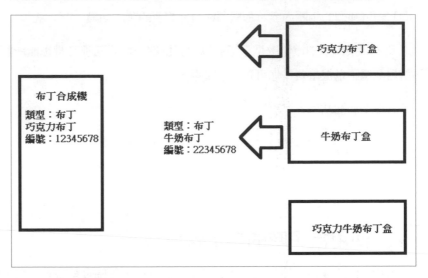

3. 把牛奶布丁盒所指向的牛奶布丁給丟進布丁合成機裡頭去：

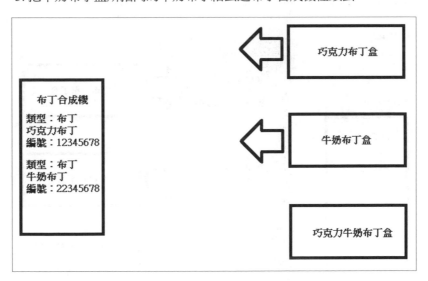

4. 在布丁合成機裡頭把巧克力布丁和牛奶布丁給結合成巧克力牛奶布丁，
   並且寫上個新的編號：

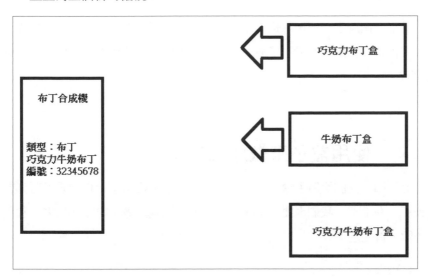

5. 把巧克力牛奶布丁從布丁合成機當中給取出來，然後由巧克力牛奶布丁
   盒來指向它：

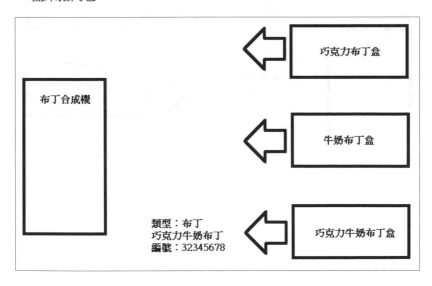

以上，就是我們的布丁、布丁盒以及布丁合成機這三者之間的關係，請各位務必要把這三者之間的關係給弄清楚，因為這很重要。

這麼多個盒子，每個都是未知數，這就是上課時老師教的二元一次或三元一次方程式，如果一時還不了解那沒關係，繼續往後的學習，我們將會有更多的說明。

2.4 使用盒子來做加法計算

上一節，我們使用了盒子來把巧克力布丁和牛奶布丁給相加成了巧克力牛奶布丁，在這裡，我們也要用相同的方法，來把兩個數字給相加起來，看我們怎麼做，首先是：

1. 預備：

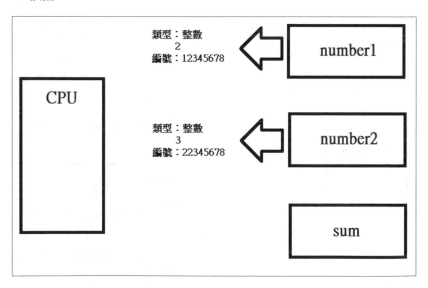

2. 把數字 2 給複製進 CPU 裡頭去：

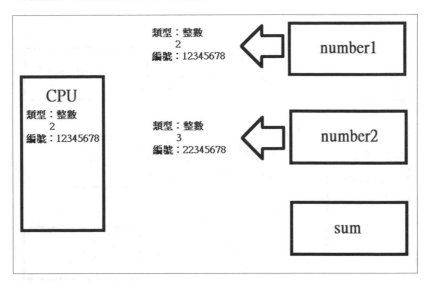

3. 把數字 3 給複製進 CPU 裡頭去：

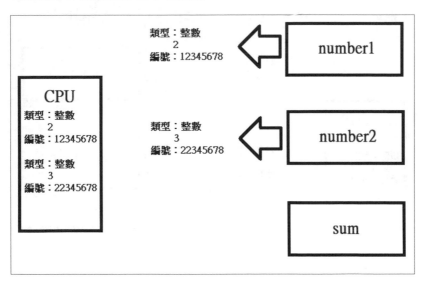

4. 在 CPU 裡頭把數字 2 和數字 3 給相加成數字 5，並且給數字 5 上一個新的編號：

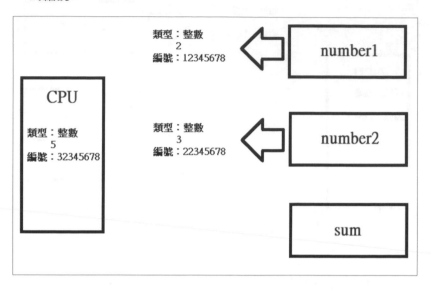

5. 把數字 5 給從 CPU 裡頭取出來，並且由盒子 sum 來指向它：

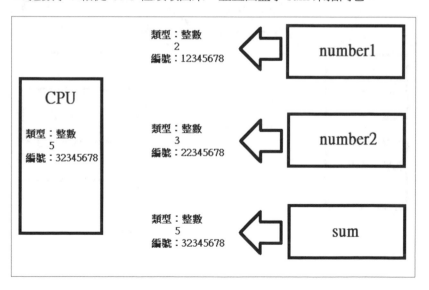

以上，就是我們的數字、數字盒子以及 CPU 這三者之間的關係，請各位務必要把這三者之間的關係給弄清楚，因為這也很重要。

每個盒子都有它的編號，大家可以想成這是放盒子的貨架編號，合成時會依編號去取得原料，合成後放在另一個編號的位置。

英文單字加油站：

英文單字	中文翻譯
sum	總和

2.5 查出類型與編號

各位還記得在我們前面的例子當中，不管是布丁也好，數字也罷，我們都有給它上個類型與編號，像這樣：

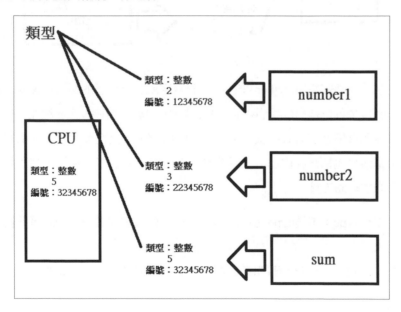

以及

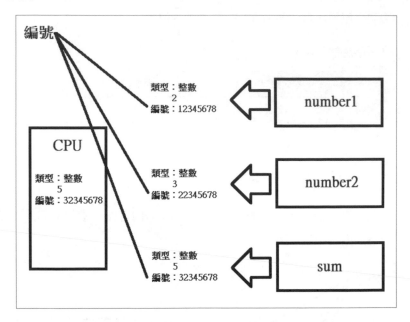

現在，我們要使用 Python 來找出一個數字或者是盒子的類型與編號，那我們該怎麼做？各位還記得我們在前面所說過的工具嗎？在 Python 裡頭，Python 已經替我們準備好了各式各樣的工具來幫助我們去解決種種我們所碰到的各種問題，當然也包括幫我們找出一個數字或者是盒子的類型與編號，讓我們來看看下面的這兩個工具：

1. 工具 type：工具 type 可以幫助我們把一個數字或者是盒子的類型給找出來

2. 工具 id：工具 id 可以幫助我們把一個數字或者是盒子的編號給找出來

讓我們來實際地操作一下，首先是使用工具 type：

這時候我們已經使用了工具 type，然後找出數字 2 以及盒子 number1 的類型，這時候你會說，等等，既然你說找類型，可為什麼 Eclipse 卻沒有顯示出數字 2 以及盒子 number1 的類型？你是不是搞錯了？

其實我並沒有搞錯，我確實是使用了工具 type，並且把數字 2 以及盒子 number1 的類型給「找」了出來，但由於我並沒有把數字 2 以及盒子 number1 的類型給「印刷」出來，這樣就造成了我只有使用工具 type 來解決我的問題但最後卻沒有把結果給顯示（或者是印刷）出來，所以要解決這個問題的最好辦法，那就是回到我們的前面，把我們的印刷工具 print 給重新拿出來用，最後顯示出我們想要的結果，也就是：

注意我們的結果，出現的結果為 int，各位還記得我們對 int 的解說嗎？那是個一頓價值新台幣 112 元的麥當當 15 號餐當中的數字 112 以及 15，跟我們這裡的數字 2 以及指向數字 2 的盒子 number1 一樣，它們的類型全都是整數（又被稱為是 int）類型。

接下來，讓我們來看看編號，想找出數字 2 以及盒子 number1 的編號，其方法也是一樣的，除了要使用工具 id 之外，還得順便使用我們的印刷工具 print：

好了，以上就是我們使用工具 type 以及工具 id，並且再外加個印刷工具 print 來分別顯示（或印刷）出數字 2 以及盒子 number1 的類型與編號的方法，請各位多多留心我們對於工具的使用，因為在後面的章節裡，我們還會陸續用到，並解釋我們為什麼要用它們。

2.6 使用 Python 來執行加法運算 - 普通的加法運算

在本小節，我們將要使用 Python 來執行加法運算，還是跟前面一樣，我們先從最簡單的地方來開始學習，情況如下：

1. 預備（一開始只有一顆 CPU）：

2. 寫上第一行程式碼 number1=2：

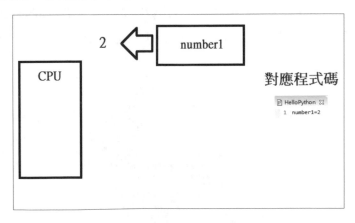

3. 寫上第二行程式碼 number2=3：

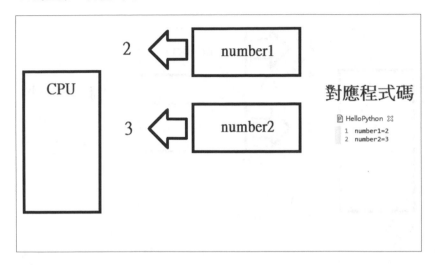

4. 把盒子 number1 所指向的數字 2 跟盒子 number2 所指向的數字 3 給丟進
　 CPU 裡頭相加起來：

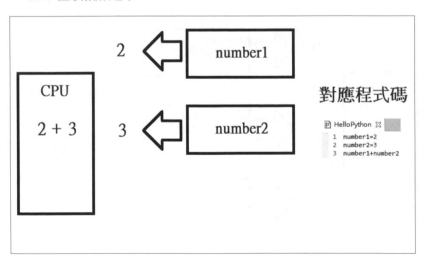

5. 已經把數字給相加起來了，並且我們得到了數字 5：

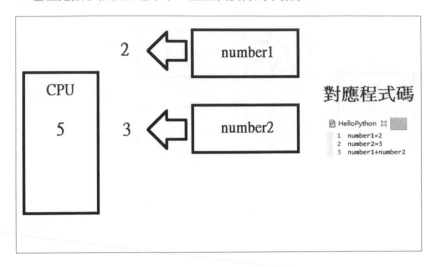

6. 把盒子 number1 所指向的數字 2 跟盒子 number2 所指向的數字 3 所相加後的結果 5 讓盒子 number3 去指：

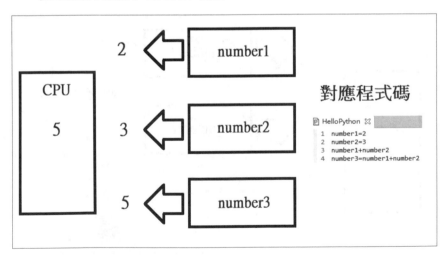

7. 顯示出盒子 number3 所指向的數字 5：

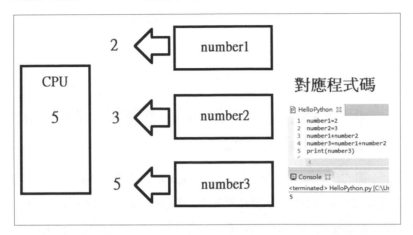

以上，就是我們使用 Python 來執行加法運算的程式碼與圖所對應到的內容，請注意，當上面的程式碼執行到第四行也就是 number3=number1+number2 的時候，其實程式就是在執行 number3=5，也就是我們的盒子 number3 會指向數字 5。

上面的程式碼是寫得比較仔細，但要是你想偷懶不想寫這麼多行程式碼的話，你也可以把程式給寫成像下面這樣簡單那也可以：

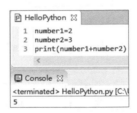

或者是：

也就是說，不管你程式怎麼寫，只要你程式對＋邏輯通，你最後也一定都可以把程式的執行結果給顯示出來，而且答案一定都一樣，不會因為程式的寫法不同而會得到不同的答案。

2.7 使用 Python 來執行加法運算 – 帶類型與編號的加法運算

在上一節的介紹當中，我們使用了 Python 來簡單地介紹加法運算，那時候我們並沒有列出每個數字的類型以及編號，現在，我們要來列出每個數字的類型與編號（也就是前面說的貨架編號），並且執行其加法運算，首先是：

1. 預備（先準備好一顆 CPU）：

2. 寫上第一行程式碼 number1=2 以及 number1 的類型和編號：

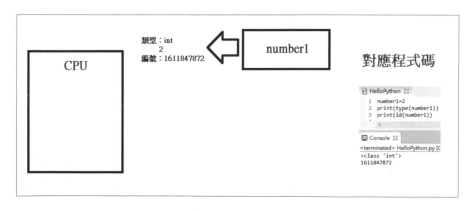

3. 寫上第二行程式碼 number2=3 以及 number2 的類型和編號：

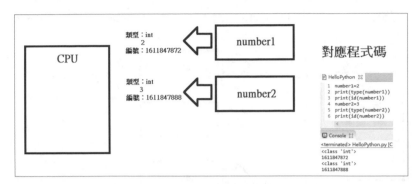

4. 把盒子 number1 所指向的數字 2 跟盒子 number2 所指向的數字 3 給丟進
   CPU 裡頭相加起來：

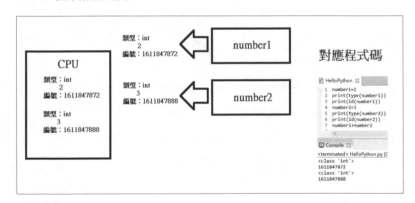

5. 已經把數字給相加起來了，並且我們得到數字 5 的類型和編號：

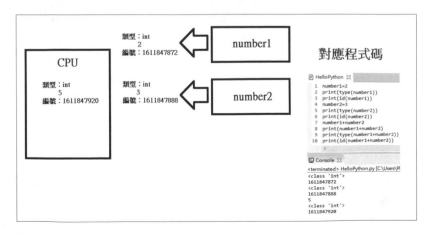

6. 把盒子 number1 所指向的數字 2 跟盒子 number2 所指向的數字 3 所相加
後的結果 5 讓盒子 number3 去指，並且寫上 number3 的類型和編號：

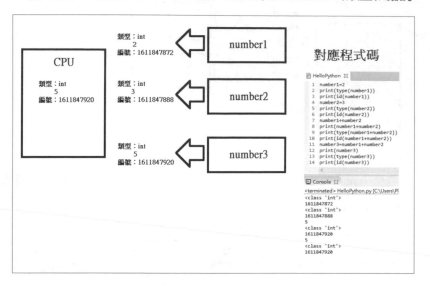

也許你會問，為什麼我們在此做個簡單的加法
運算時還要把數字的類型和編號給寫出來，主要是
因為當你在做加法運算時，如果這兩個數字的類型
不同，則相加出來的結果也不會相同，例如像下面
的這道程式碼：

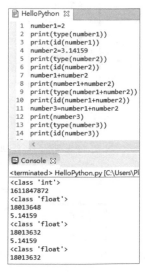

在這道程式碼當中，盒子 number1 所指向的數字是整數 2，而盒子
number2 所指向的數字是我們的圓周率也就是浮點數 3.14159，而你看，當你
把整數 2 以及浮點數 3.14159 給相加了起來之後，我們是不是就會得到一個類
型為浮點數的數字 5.14159 了。

CHAPTER

3

知識加油站

3.1 從工具箱當中來調用工具

在前面，我們已經使用了三個由 Python 所提供給我們的工具，它們分別是：

名稱	功能	範例
print	把文字給印刷出來	print("bugger")
type	把數字或盒子的類型給找出來	type(number1)
id	把數字或盒子的編號給找出來	id(number1)

那個時候，我們都是直接把工具給拿出來用，但有時候，我們的工具是放在工具箱裡頭，而使用時則是要特別地引入工具箱的名字，並且從工具箱當中把工具給拿出來用，讓我們來看看在我們日常生活中的一個例子。

假如現在有一個工具箱，而這個工具箱的名字叫做「畜生工具箱」，這個「畜生工具箱」裡頭有各種各式各樣的好工具（當然，你也可以說它們是好玩具），例如：

1. 棒棒（英文名稱為 stick）
2. 片片（英文名稱為 video）
3. 絲襪（英文名稱為 silk stockings）

等等等等等很多各種各式各樣的好工具，現在，假如我們想要從「畜生工具箱」裡頭把「片片」這個好工具給調出來用的話，那我們就應該要這樣寫（以下先以中文為範例）：

第一句話：引進一個工具箱，並且這個工具箱的名字叫做「畜生工具箱」
第二句話：從「畜生工具箱」當中來調用工具「片片」

上面那兩句話是我們用中文來描述，但如果我把上面的那兩句中文描述給寫得簡單一點的話，那情況就會是：

第一句話：引入畜生工具箱
第二句話：畜生工具箱調用片片

但如果我想要把上面的那兩句話又寫得更加簡單的話，那就會變成是：

第一句話：引入畜生工具箱

第二句話：畜生工具箱 . 片片

其中，在第二句話裡頭，符號「.」的意思就是指調用。

對於上面的描述來說，其內容更加簡單，而且意思仍然不變，理由是我們只是把「調用」這兩個字由符號「.」來取代，所以上面的那兩句話寫起來就會更加簡單，而且意思也仍然不變。

接下來，假如我們打算把上面的那兩個句子給寫成英文的話，那我們可以這樣寫：

第一句話：import buggerbox（中文翻譯：引入畜生工具箱）

第二句話：buggerbox.video（中文翻譯：畜生工具箱調用片片）

其中，在第二句話裡頭，符號「.」的意思也是指調用。

對於本節的內容請各位務必要熟悉，因為在往後的學習裡或者是各位想要獨立開發專案時，一定都會從工具箱當中來調用工具，進而來幫助你完成你手上目前的專案。

關於工具箱的使用以及範例，後面我們還會陸續地見到，本節的內容就暫且先到這兒。

英文單字加油站：

英文單字	中文翻譯
buggerbox	畜生工具箱
import	引入、引進
box	工具箱
type	類型

3.2 數字的深入演練

在前面，我們講了數字的類型，現在，我們要使用程式語言來重新歸納它們，首先是整數，讓我們以麥當當 15 號餐為例子，它是 112 元：

所以我們簡單地輸出了數字 112。

接下來我們要來講的是浮點數 float。簡單來講，所謂的浮點數就是帶有小數的數，像是前面所提到過的那部台幣 352.633 元的片片就是一個例子，讓我們用 Python 來寫一次：

有趣的是，我們也可以調用工具 float 來把一個整數的浮點數給弄出來：

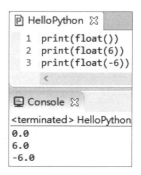

在上面的程式當中，第一行只調用了工具 float，但裡頭卻什麼都沒寫，所以最後 Python 給了我們一個「0.0」的答案，請注意，由於我們調用的工具是 float，而工具 float 的功能是把一個整數的浮點數給弄出來，因此，只寫一個「0」那是不夠的，一定得加個小數點之後再補上個「0」而最後變成「0.0」，而「0.0」才是我們要的答案。

至於第二以及第三行的意思也是一樣，我們調用了工具 float 之後並且在 float 那裡頭隨便寫了個整數「6」，此時工具 float 就會自動地幫我們把整數「6」給變成了浮點數「6.0」，同樣的情況，當我在工具 float 裡頭也隨便寫了個負整數「-6」的話，此時我們的工具 float 也會自動地幫我們把負整數「-6」也給變成了浮點數「-6.0」。

延伸思考：

如果工具 float 可以自動地幫我們把整數「6」給變成了浮點數「6.0」的話，那是不是也會有個名字叫做 int 的工具可以自動地幫我們把浮點數「6.0」給變成了整數「6」了呢？讓我們來猜猜看，請看下面的程式碼：

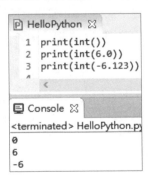

前面就是我們對於整數以及浮點數的基本解釋，如果拿起這本書的各位是初學者的話，那基本上前面的介紹就已經夠你處理你所要面對的數學問題，但如果你想要更進一步地認識浮點數，那下一節的介紹你可以參考一下。

3.3 對於浮點數的深入認識

在前面，我們介紹了浮點數 float 以及相關的工具 float，其實，浮點數 float 所能夠表示的「精確度」是比較有限的，例如：當 10 除以 3 的時候，使用浮點數 float 的結果就比較不那麼精確了，讓我們來用程式碼驗證一下：

看到了嗎？以 10 除以 3 用工具 float 所得到的結果是「3.3333333333333335」，讓我們暫且先記下這個數字，等等回頭再來看它。

那也許你會問，如果用 float 來算不夠精確的話，那該用什麼才算精確？這個問題問得好，關於這個問題，現在就有請我們的 decimal 出場了，decimal 我們在前面已經有提過了，它是一個比 float 還要更精確的傢伙，可以幫我們算出更高精確度的類型，但請它出場卻不太簡單，需要一點特殊的儀式。

各位還記得前面我們的工具箱嗎？那時候我舉了個從「畜生工具箱」當中來調用工具「片片」的例子，並且簡化了一系列的寫法，請看：

第一句話：引入畜生工具箱
第二句話：畜生工具箱 . 片片

其中，在第二句話裡頭，符號「.」的意思就是指調用，而最後寫成英文的時候，內容則是會變成這樣：

第一句話：import buggerbox（中文翻譯：引入畜生工具箱）
第二句話：buggerbox.video（中文翻譯：畜生工具箱調用片片）

其中，在第二句話裡頭，符號「.」的意思也是指調用的意思。

現在，我們要把上面的名詞給改一下，把「畜生工具箱」給改成工具箱「decimal」，而把我們的工具「video」給改成工具「Decimal」，那結果就會是這樣：

第一句話：import decimal（中文翻譯：引入工具箱 decimal）

第二句話：decimal.Decimal（中文翻譯：工具箱 decimal 調用工具 Decimal）

　　以我們上面的 10 除以 3 為例子，再搭配上面的那兩句話的話，我們就知道為什麼 decimal 會比 float 更精準了，請看下面：

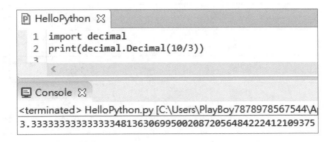

```
1 import decimal
2 print(decimal.Decimal(10/3))
```
```
<terminated> HelloPython.py [C:\Users\PlayBoy7878978567544\A
3.3333333333333334813630699500208720564842224121 09375
```

　　看到了吧？使用 decimal 所算出來的結果是：

「3.33333333333333348136306995002087205648422241 21 09375」

　　你看這個結果是不是比你只用 float 所得到的結果：

「3.3333333333333335」

　　還要更加地準確嗎？

　　以上的部分就是我們對於浮點數的深入認識，其實，在 Python 裡頭，Python 還提供了一大堆的玩法可以讓我們來把玩浮點數。

3.4 運算子

在前面，我們已經講了類型、工具箱以及工具等等那些帶點嚴肅的話題，在本節，我們要講一點比較輕鬆的話題也就是我們的運算子。

什麼是運算子呢？讓我們舉個例子，以最簡單的運算子來講，就是像「加減乘除」等等這樣子的符號，而這些符號的最大功能就是提供我們來做算術運算，讓我們用個表來解釋它們：

1. 算術運算子

運算子	運算子說明	運算子範例	運算結果
+	加號	1+1	2
-	減號	10-3	7
*	乘號	4*3	12
/	除號	11/5	2.2
%	當兩數相除後，取餘數	13%5	3
//	當兩數相除後，取商數的整數	11//5	2
**	求一個數的次方	2**3 （也就是求 2 的 3 次方）	8

讓我們用 Python 來證明一下：

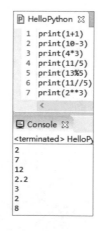

當然，也許你會講說，假如當兩數相除之後，取商數的整數我不想要使用運算子「//」的話那我該怎麼做才好呢？答案很簡單，在此，我提供給各位一條思路，請各位看看下面的程式碼：

　　在程式的第一行，我們直接使用了運算子「//」來求出 11 除以 5 之時商的整數，而在程式的第二行，我們則是直接調用 int，然後把數學式子 11 除以 5 給丟進 int 當中，最後則是會顯示出 11 除以 5 的整數商數結果也就是 2。

　　在此，我想要表達的意思是，要到達相同的結果，不一定只能用一個方法，也就是說，只要能夠達到目標，過程是什麼那沒有絕對的標準答案，也因此，請善用你的頭腦，來靈活地解決你的問題。

2. 指派運算子

　　在講解指派運算子之前讓我們先來看個小故事。假如現在有一個盒子，而這個盒子的名字叫做 number，情況如下圖所示：

number

假如這個盒子裡頭可以放入一個數字，例如說 1（也可以想像成是前面所講過的內容，由盒子 number 指向數字 1），那情況就會變成像下面這樣：

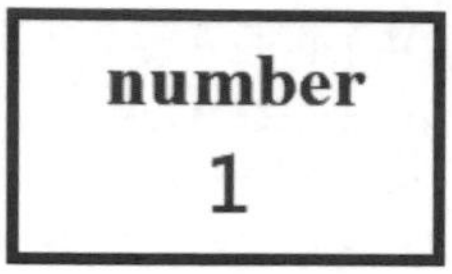

```
number
1
```

又假如，我們在盒子的右邊寫上「＋2」的話，那就表示說把盒子 number 裡頭的數字 1 跟外頭的數字 2 一起來做相加，情況如下圖所示：

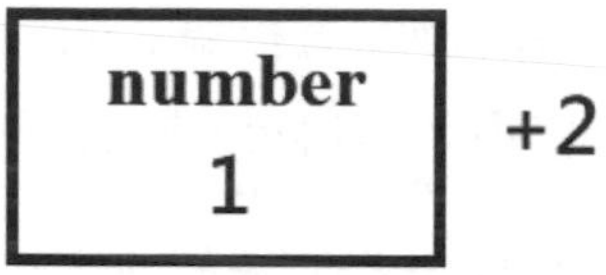

```
number       +2
1
```

當我們把盒子 number 裡頭的數字 1 跟外頭的數字 2 一起來做相加之後，我們便會得到數字 3，然後把數字 3 給丟進盒子 number 裡頭去，讓我們來看看下圖：

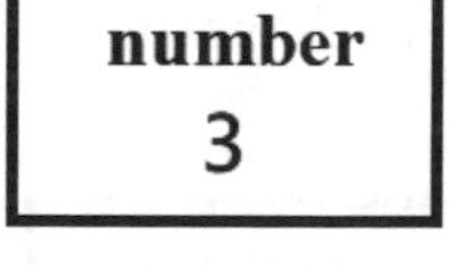

```
number
3
```

對於上面的過程，我們就把它給寫成「number = number+2」又或者是「number+=2」，而此時我們假設一開始的 number=1。

也許這樣講可能有點過於抽象，讓我們來用個式子演算來做說明，也許在講完了之後你就懂了：

1. 假設 number=1

2. 假設 number=number+2

程式的關鍵重點：

先看「number=number+2」當中等號右邊的部分也就是「number+2」，因為在計算式子時，我們是先計算等號右邊的式子也就是先計算「number+2」的部分，而當右邊的式子「number+2」計算完之後，便會把計算的結果給丟進等號的左邊也就是盒子「number」裡頭去：

讓我們來實際地演算一次：

第一行：假設 number=1
第二行：假設 number=number+2

第一步：把「number=1」給丟進「number=number+2」當中等號右邊的部分也就是「number+2」，此時，情況就會變成「number=1+2」
第二步：計算上一步的運算式子也就是計算「number=1+2」之後，我們會得到「number=3」

上面就是我們以加號（+）以及等號（＝）來表示式子「number = number+2」的演算過程與結果，如果用我們現在所要講解的指派運算子，那上面的式子「number = number+2」則是又可以寫成「number+=2」而且意思不變。

指派運算子除了可以使用加號（＋）來配合等號（＝）做組合之外，前面我們所講過的減乘除也都可以用上，讓我們來看下表的範例就會知道了：

運算子	運算子說明	運算子範例	運算結果
+=	假設 number=1 number = number+2	number=1 number+=2	3
-=	假設 number=3 number = number-1	number=3 number-=1	2

運算子	運算子說明	運算子範例	運算結果
*=	假設 number=3 number=number*2	number=3 number*=2	6
/=	假設 number=10 number=number/5	number=10 number/=5	2.0
%=	假設 number=9 number=number%5	number=9 number%=5	4
//=	假設 number=13 number=number//4	number=13 number//=4	3
**=	假設 number=2 number=number**4	number=2 number**=4	16

讓我們用程式來寫第一個範例：

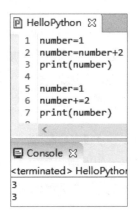

各位看到了吧！不管把程式給寫成「number=number+2」又或者是「number+2」，它們的計算結果都一樣一定都是 3。

讓我們來看一下「-=」的例子：

```
P HelloPython ⊠
  1  number=3
  2  number=number-1
  3  print(number)
  4
  5  number=3
  6  number-=1
  7  print(number)
     <

🖥 Console ⊠
<terminated> HelloPythol
2
2
```

這也沒問題，剩下的我們就一次寫完，這是「*=」：

```
P HelloPython ⊠
  1  number=3
  2  number=number*2
  3  print(number)
  4
  5  number=3
  6  number*=2
  7  print(number)
  8
     <

🖥 Console ⊠
<terminated> HelloPythol
6
6
```

這是「/=」：

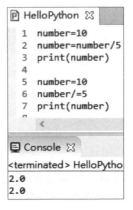

```
P HelloPython ⊠
  1  number=10
  2  number=number/5
  3  print(number)
  4
  5  number=10
  6  number/=5
  7  print(number)
     <

🖥 Console ⊠
<terminated> HelloPytho
2.0
2.0
```

這是「%=」：

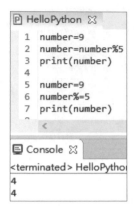

這是「//=」：

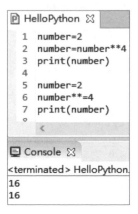

最後則是「**=」：

以上就是指派運算子，接下來我們要來講的是比較運算子。

3. 比較運算子

比較運算子的基本概念就好像我們日常生活當中的比大小一樣，例如說，以我畜生室友的那根中指為例，他的那根中指其長度是 5 公分，至於我的話，只有 4 公分，也因此，我們可以得出下面的結論出來：

5 公分大於 4 公分，或者是 4 公分小於 5 公分

上面的描述全都是真（所以我們可以用英文單字 True 來表示真），因為 5 公分是真的大於 4 公分，當然我們也可以說 4 公分也是真的小於 5 公分。現在，讓我們來看看下面的這兩句話，請注意：

5 公分小於 4 公分，或者是 4 公分大於 5 公分

很明顯，上面的描述全都是假（也因此我們也可以用英文單字 False 來表示假），因為 5 公分不可能小於 4 公分，或者是 4 公分也不可能是大於 5 公分的，各位說對嗎？不信的話，請各位把你下面的那根手指頭給掏出來比比看不就知道了？

好了，不管你掏不掏你下面的手指頭出來，在上面的描述當中我們除了用到比大小的概念之外，這之間還牽扯出真與假的這兩個概念，各位說對嗎？沒錯，我們的比較運算子也是這樣子的一個觀念，它除了具有判斷的功能之外，同時也告訴我們什麼情況是真，而什麼情況則是假。

運算子	運算子說明	運算子範例	運算結果
>	大於	5>4	真（True）
<	小於	5<4	假（False）
>=	大於等於	5>=4	真（True）
<=	小於等於	5<=4	假（False）
==	等於	5==4	假（False）
!=	不等於	5!=4	真（True）

判斷是不是等於，用的不是「＝」，而是兩個等於符號「＝＝」，這是因為一個等於已經是作為指派運算子，為了不和比較運算子搞混，所以多一個等於符號。

讓我們用 Python 來證明一下上表：

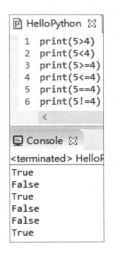

4. 邏輯運算子

在學習邏輯運算子之前，先讓我們來看看下面的這個例子。有一天晚上，在一個月黑風高的夜晚….

室友：敖嗚！波波寫真集耶！

秋聲：沃草！你是他媽的人狼附身是吧，還叫得真嗨（其實之後我也順便叫了兩聲）

此時…..

室友：等等！上面竟然寫著一串話，叫做什麼「未滿 18 歲請勿翻閱」。

秋聲：那句話還可真煞風景的對吧！不過上面的那句話雖然是寫歸寫，但也沒多少人真的在鳥的啦！

在看了上面的故事之後，現在就讓我們一起來看看我們現在的學習重點也就是邏輯運算子的關鍵到底是在哪裡。

在上面的描述中，有一句關鍵話是：

「未滿 18 歲請勿翻閱」

換句話說，只要你年滿 18 歲的話，那你就可以「光明正大」地翻閱了對嗎？（請注意光明正大這四個字）

但是呢，天曉得你到底是不是真的年滿 18 歲，所以通常在購買此類商品之時，店家都會要求你出示身分證，如果你不出示身分證的話，就算你當下再飢渴哪怕是你已經年滿 18 歲的話店家還是一樣不會把商品賣給你，你說對嗎？

沒錯。

所以，這裡就牽涉到兩個非常重要的概念：

1. 有沒有年滿 18 歲。
2. 有沒有出示身分證。

在上面的那兩句話當中，答案就只有兩種，它們是：

1. 有。
2. 沒有。

也就是說：

1. 有沒有年滿 18 歲：答案只有「有」，不然就是「沒有」。

2. 有沒有出示身分證：答案也是只有「有」，不然就是「沒有」。

像這種問題，沒有那種「可能有」或者是「可能沒有」的答案，因為像「有」或「沒有」的這種事情是一拍兩瞪眼的非常確定，絕對沒有模糊地帶，例如說：

1. 我可能年滿 18 歲：我有沒有年滿 18 歲那是非常確定的事情，沒有可能或不可能這回事，因為只要把生辰八字給拿出來一算的話就立刻知道有沒有年滿 18 歲，你說對吧！

2. 我可能有帶身分證：有沒有帶身分證那也是個非常確定的事情，沒有可能或不可能，因為只要你口袋一摸就立刻知道你到底有沒有帶身分證，你說對吧！

好了，讓我們回來正題：

1. 有沒有年滿 18 歲：答案也可以用「真」（True）跟「假」（False）來做表示。

2. 有沒有出示身分證：答案也可以用「真」（True）跟「假」（False）來做表示。

所以我們也可以這樣想：

1. 有沒有年滿 18 歲：「真」（True）表示滿 18 歲，而「假」（False）則表示沒滿 18 歲。

2. 有沒有出示身分證：「真」（True）表示有出示身分證，而「假」（False）則表示沒有出示身分證。

這樣講也 OK 的對吧！

如果你了解上面的內容，那我們的邏輯運算子你也就懂了，怎麼說，讓我們來看看下面的這個問題：

「有沒有年滿 18 歲」而且「有沒有出示身分證」

這句話為什麼重要呢？因為要是你哪天在某間商店裡頭準備要買波波寫真集的時候，假如此時美麗的警察姐姐們突然間從店門口外衝了進來，相信我，她們的第一句話就是會問你：

「有沒有年滿 18 歲」而且「有沒有出示身分證」

這樣你就知道了吧！

從上面的情況來看，這一句話：

「有沒有年滿 18 歲」而且「有沒有出示身分證」

會有四種情況，讓我們來分析一下：

1. 「有年滿 18 歲」而且「有出示身分證」，結果：可以購買波波寫真集
2. 「有年滿 18 歲」而且「沒有出示身分證」，結果：不可以購買波波寫真集
3. 「沒有年滿 18 歲」而且「有出示身分證」，結果：不可以購買波波寫真集
4. 「沒有年滿 18 歲」而且「沒有出示身分證」，結果：不可以購買波波寫真集

我們也可以用個表格來歸納一下上面的那四句話：

語句 1	連接詞	語句 2	結果
「有年滿 18 歲」		「有出示身分證」	可以購買波波寫真集
「有年滿 18 歲」	而且	「沒有出示身分證」	不可以購買波波寫真集
「沒有年滿 18 歲」		「有出示身分證」	不可以購買波波寫真集
「沒有年滿 18 歲」		「沒有出示身分證」	不可以購買波波寫真集

上面的表格我們也可以做成這樣：

連接詞	語句 1	語句 2	結果
而且	「有年滿 18 歲」	「有出示身分證」	可以購買波波寫真集
	「有年滿 18 歲」	「沒有出示身分證」	不可以購買波波寫真集
	「沒有年滿 18 歲」	「有出示身分證」	不可以購買波波寫真集
	「沒有年滿 18 歲」	「沒有出示身分證」	不可以購買波波寫真集

如果我們用「真」與「假」以及英文（其實也就是用 Python）來表示上表的話，那我們便可以得到下表：

連接詞	語句 1	語句 2	結果
and	True	True	True
	True	False	False
	False	True	False
	False	False	False

其中，我們的「and」就是邏輯運算子。

好了，講這麼多我相信各位現在已經對「and」這個邏輯運算子有了簡單的基本概念，現在，我們就要用 Python 來寫個程式，然後把上表給實踐出來，請各位看看下面的程式碼：

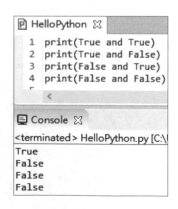

```
P HelloPython ✕
1  print(True and True)
2  print(True and False)
3  print(False and True)
4  print(False and False)
```

```
Console ✕
<terminated> HelloPython.py [C:\
True
False
False
False
```

以上，就是邏輯運算子「and」的部分。

現在，讓我們再來看看下一則故事。

室友：哀！今天是情人節。

秋秋：SO！

室友：還 SO！今年的情人節又是我自己一個人過啊！

秋秋：別這樣子嘛！至少你還有我啊！

室友：你！你是能幹嘛？你能吃嗎？

秋秋：至少我可以陪你看片片啊！

室友：好吧！既然如此，那今天晚上我們倆就去電影院看片片，然後過過這該死的情人節。

於是到了電影院之後，我們倆看了看今晚情人節所上映的影片，結果發覺到那些正在上映的影片不是輔導級以下的浪漫愛情故事，就是需要帶身分證才能夠買票的愛情運動片，此時，我的室友不知道突然間哪根筋不對，他挑了下面這兩部片片：

1. 情人節之世界大戰

2. 末日情人節

我看了看片名，打量著執導人的名字，發現執導人竟然是「情人節公敵」耶！

但是，由於我們倆時間有限，不能兩部片都看，於是我就跟室友說：

「情人節之世界大戰」或「末日情人節」

這兩部片片當中選一部來看吧！

這時候室友就說：只要看過上面那兩部片片當中的其中一部，今晚就過了情人節。

看了以上的故事之後，我們要來把上面的那些話：

「情人節之世界大戰」或「末日情人節」

以及我們的結果：

「今晚就過了情人節」

給做個簡單的歸納：

1. 有看「情人節之世界大戰」或有看「末日情人節」，結果：「今晚就過了情人節」
2. 有看「情人節之世界大戰」或沒有看「末日情人節」，結果：「今晚就過了情人節」
3. 沒有看「情人節之世界大戰」或有看「末日情人節」，結果：「今晚就過了情人節」
4. 沒有看「情人節之世界大戰」或沒有看「末日情人節」，結果：「今晚就**沒有**過了情人節」

如果我們用個表格來歸納上面的那四句話的話，那事情就會變成這樣：

語句 1	連接詞	語句 2	結果
有看「情人節之世界大戰」		有看「末日情人節」	「今晚就過了情人節」
有看「情人節之世界大戰」	或	沒有看「末日情人節」	「今晚就過了情人節」
沒有看「情人節之世界大戰」		有看「末日情人節」	「今晚就過了情人節」
沒有看「情人節之世界大戰」		沒有看「末日情人節」	「今晚就**沒有**過了情人節」

關於上面的表格我們也可以做成這樣：

連接詞	語句 1	語句 2	結果
或	有看「情人節之世界大戰」	有看「末日情人節」	「今晚就過了情人節」
	有看「情人節之世界大戰」	沒有看「末日情人節」	「今晚就過了情人節」
	沒有看「情人節之世界大戰」	有看「末日情人節」	「今晚就過了情人節」
	沒有看「情人節之世界大戰」	沒有看「末日情人節」	「今晚就**沒有**過了情人節」

跟前面的邏輯運算子「and」一樣，如果我們用「真」與「假」以及英文（其實也就是用 Python）來表示上表的話，那我們也可以得到下表：

連接詞	語句 1	語句 2	結果
or	True	True	True
	True	False	True
	False	True	True
	False	False	False

其中，我們的「or」就是邏輯運算子。

好了，講這麼多我相信各位現在也已經對「or」這個邏輯運算子有了簡單的基本概念，現在，我們就要用 Python 來寫個程式，然後把上表給實踐出來，請各位看看下面的程式碼：

```
P HelloPython ☒

1  print(True or True)
2  print(True or False)
3  print(False or True)
4  print(False or False)
5
<
```

```
Console ☒
<terminated> HelloPython.py [C:
True
True
True
False
```

以上，就是邏輯運算子「or」的部分。

最後，讓我們來看看剩下的最後一個邏輯運算子「not」，「not」這個概念其實很簡單，假如各位都有談過戀愛的話就知道，當女生叫你滾的時候，意思就是叫你死回來，又或者是當女生說我們倆之間的關係淡如水的時候，她的意思就是很愛你。

所以我們可以把上面的話給做個整理：

叫你滾的真實意思：叫你滾的相反→ not 叫你滾→死回來
淡如水的真實意思：淡如水的相反→ not 淡如水→很愛你

如果用表來做整理的話那就是：

語句 1	連接詞	結果
叫你滾	not	死回來
淡如水		很愛你

當然我們也可以這樣做：

連接詞	語句 1	結果
not	叫你滾	死回來
	淡如水	很愛你

跟前面的邏輯運算子「and」以及「or」一樣，如果我們用「真」與「假」以及英文（其實也就是用 Python）來表示上表的話，那我們也可以得到下表：

連接詞	語句 1	結果
not	True	False
	False	True

用程式語言也就是用 Python 來證明的話就是：

其中，我們的「not」就是邏輯運算子。

3.5 工具的活用與數學運算

本節的內容比較難，而且牽涉到數字進位的轉換，如果你覺得本節的內容你吃不消的話，本節的內容你可以暫且先跳過，等讀完本書之後再來閱讀本節的內容來當作學習的補充那也可以。

在本節裡頭，我們會教大家靈活地使用工具，主要的目的就是要讓大家知道，使用工具可以幫助你解決你目前所面對到的問題，而不要為了去解決問題，然後自己去製造工具，除非你要的那個工具本來就不存在，那當然就另當別論了。

在軟體工業裡頭有一句話很有意思，那就是：

不要重複製造輪胎

而那個輪胎就是我們即將要講的工具。

也許這句話的意思你目前還很難體會，但隨著我們陸續地對 Python 做介紹之後，相信我，你會深深地體會到這句話是什麼意思。

1. 整數的進位轉換

我們說，一個數字可以以二進位、十進位以及十六進位來做表示，而這些
進位的基本概念我已經在《秋聲教你學資訊安全與駭客技術：反組譯工具的使
用導向》一書裡頭已經介紹過了，礙於書寫以盡量不重複的原則，在此我們就
不再說明而直接上了，因此，要是你對於數字的二進位、十進位以及十六進位
是蝦米咚咚還搞不清楚的話，建議你去翻翻那本書裡頭的內容，我已經寫得很
清楚囉。

好了，在這裡我假設大家都已經對二進位、十進位以及十六進位都已經很
熟悉，而且也已經知道它們是什麼玩意了的話，現在，我們就要來調用我們的
工具 bin 以及 hex 來靈活地轉換數字，看我們怎麼做。

其實很簡單，請看下面的範例。在下面的範例裡我打算把十進位數字 14
給轉換成二進位數字（程式第一行）以及十六進位數字（程式第二行）：

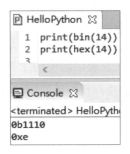

關於上面的執行結果，請各位翻開《秋聲教你學資訊安全與駭客技術：
反組譯工具的使用導向》一書裡頭的 p5-9 頁，請各位看看 p5-9 頁當中的那個
表，我在那個表裡頭對於十進位數字 14 的描述是不是這樣：

二進位	十進位	十六進位
1110	14	E

各位可以比較看看表中的十進位數字 14，它的二進位數字是「1110」，而
十六進位數字則是「E」，這個情況是不是跟我們上圖用 Python 所寫出來的結

果一模一樣？只是說當用 Python 這個程式語言寫出來的時候，二進位數字的部分所呈現出來的結果是「0b1110」，而十六進位數字所呈現出來的結果則是「0xe」。

所以囉，當我們調用工具 bin 並且把十進位數字 14 給丟進工具 bin 裡頭去之時，工具 bin 不但會幫我們立刻把十進位數字 14 當下就給轉換成了二進位數字「1110」並且還會自動地幫我們在二進位數字「1110」上加上個「0b」來貼心地表示說我們已經把數字給轉換成為二進位數字囉。

同樣道理，當我們使用工具 hex 來把十進位數字 14 給轉換成十六進位數字「e」之時，Python 也會自動地幫我們在十六進位數字「e」的前面給自動地加上「0x」，藉此來表示我們已經把十進位數字給轉換成了十六進位數字。

當然啦，如果你覺得像那些什麼「0b」或者是「0x」你不想看見的話，你也可以使用工具 format 來做轉換那也可以，請看下面：

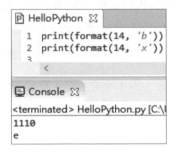

在第一行的程式碼當中，工具 format 裡頭的 14 是代表著十進位數字 14，而文字 b 則是代表二進位，所以 format(14, 'b') 的意思就是說：

請把十進位數字 14 給轉換成二進位數字，但「0b」可以免了。

同樣道理 format(14, 'x')) 的意思也是說：

請把十進位數字 14 給轉換成十六進位數字，但「0x」可以免了。

用 0b 代表二進位數字，及用 0x 代表十六進位數字，我們知道 b 是 binary 而 x 代表 hexadecimal，為什麼要放個 0 在前面呢？

假設我們有一個十六進位數 AB，如果不在前面放 0，只有直接加上 x 來表示十六進位，那就會變成 xAB，這怎麼看 xAB 都是一個變數名稱，誰看得出它是十六進位數？

那麼加上 0 是什麼意思呢？變數名稱不允許用數字作為開頭，所以用 0 來提醒編譯器或是解譯器，後面的 xAB 不是變數，而是個數字，這就是 0b 和 0x 來表示進位數的由來。

2. 工具箱 math 當中對於工具的活用

在前面，我們曾經講過了工具箱的概念，那時候我們說在工具箱裡頭放著很多很多的工具可以讓我們去使用，在這兒，我要介紹一個很重要的工具箱，它的名字叫做 math，為什麼我說它很重要呢？理由是如果你是位學習數理科學或者是從事量化研究的研究人員，那 math 這個工具箱對你而言就非常地重要，因為它提供了非常多的工具讓你去使用，我舉一個例子：

假設我們現在想要計算 2 的 3 次方的話，那我們該怎麼做？如果你用前面的知識來解這個問題，那你會說，很簡單啊，不就是像下面這樣子的程式碼就搞定了嗎？

是沒錯，那是因為你有運算子來幫你撐腰，但如果沒有呢？咳咳，這時候最好的辦法就是去搬救兵，也就是去找我們的工具箱，然後從工具箱當中找找看有沒有可以幫我們做 2 的 3 次方的工具。

幫我們計算 2 的 3 次方的工具是有的，它的名字叫做 pow，以計算 2 的 3 次方為範例，讓我們一起來看看下面：

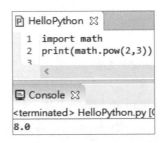

程式第一行：import math（意思是引入工具箱 math）

程式第二行：print(math.pow(2,3))（意思是從工具箱 math 當中來調用工具 pow，並且計算出 2 的 3 次方，最後 print 會印刷出 2 的 3 次方的結果）

細心的讀者朋友們也許會發現到，當你在使用符號「.」的時候，後面會出現一大堆的工具：

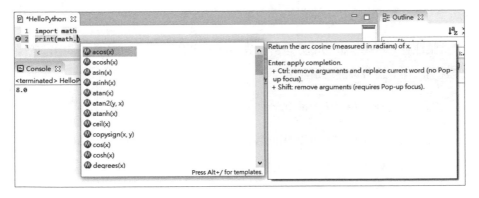

讓我們把視窗給往下拉：

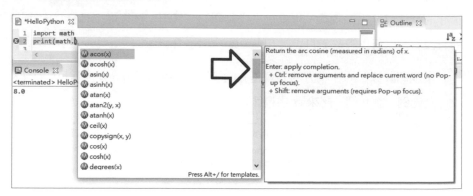

然後就會找到我們工具箱 math 裡頭的其中一個工具 pow：

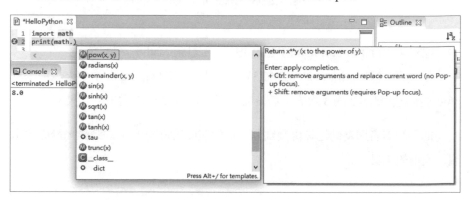

請注意，黃色框框的部分是對工具 pow 在使用方法上的解釋，那相當於操作說明一樣，請各位注意這段話：

```
Return x**y (x to the power of y).
```

意思就是 pow 的功能可以幫助我們計算出 x 的 y 次方，所以這也是為什麼當我們調用工具 pow 的時候，要在 x 的地方寫上 2，而要在 y 的地方寫上 3 的原因了，如果看不懂，請看下面的對照：

pow(x, y) 的意思就是說求出 x 的 y 次方，所以

pow(2, 3) 的意思就是說求出 2 的 3 次方。

還有，我要告訴各位的是，如果你學 Python 的最大目的是要處理數學計算的話，那我會非常地建議你，可以上 Python 的官網：

https://docs.python.org/3/

點選裡頭的 Library Reference：

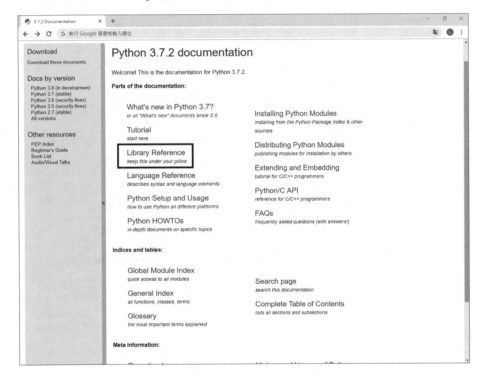

之後你會進到「The Python Standard Library」：

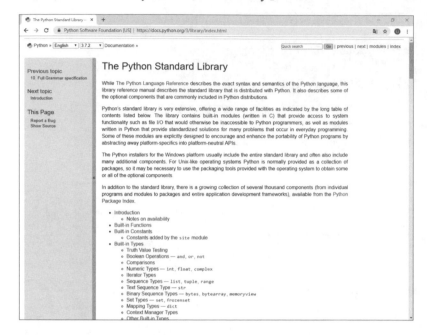

然後把網頁往下拉，你會看到 Numeric and Mathematical Modules：

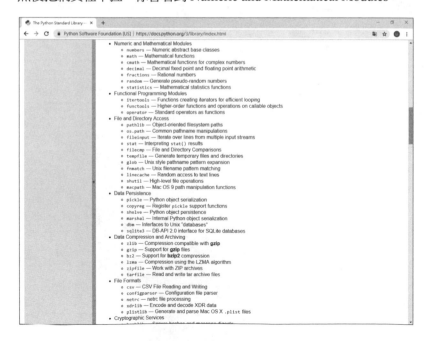

然後點選 Numeric and Mathematical Modules：

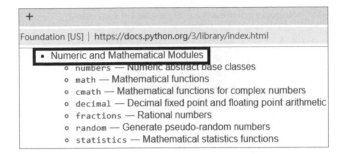

然後你就會進去 Numeric and Mathematical Modules 的網頁裡面，其中，關於一般數學工具的話會是在這兒：

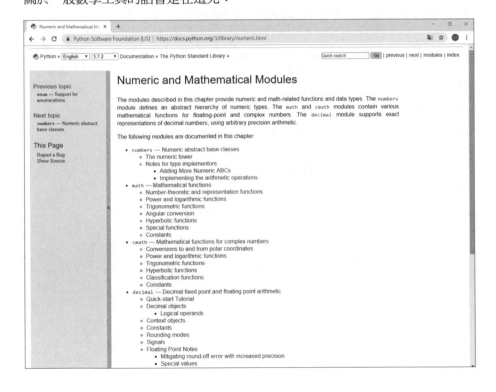

以我們的 pow 為例子，請選點 math — Mathematical functions：

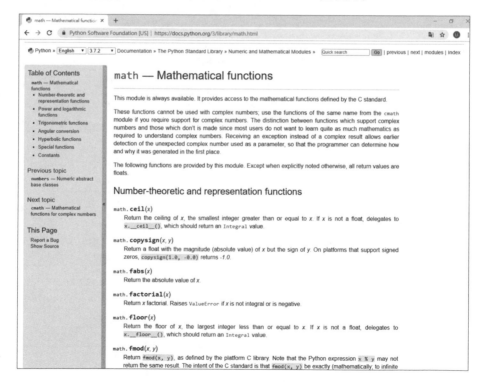

之後你就會進入 math — Mathematical functions 裡頭去了：

然後，請把網頁往下拉，你就會看到我們的工具 pow 以及關於它的解釋
了：

---

math.**pow**(*x, y*)

Return x raised to the power y. Exceptional cases follow Annex 'F' of the C99 standard as far as possible. In particular, `pow(1.0, x)` and `pow(x, 0.0)` always return `1.0`, even when x is a zero or a NaN. If both x and y are finite, x is negative, and y is not an integer then `pow(x, y)` is undefined, and raises `ValueError`.

Unlike the built-in `**` operator, `math.pow()` converts both its arguments to type `float`. Use `**` or the built-in `pow()` function for computing exact integer powers.

請注意，上面的寫法：

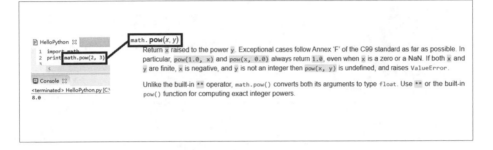

也就是從工具箱 math 當中來調用工具 pow。

再補充一點，如果你本身從事統計方面的工作，那 Python 也有提供關於統
計用的工具，請點選 statistics ― Mathematical statistics functions：

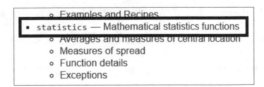

然後你會看見：

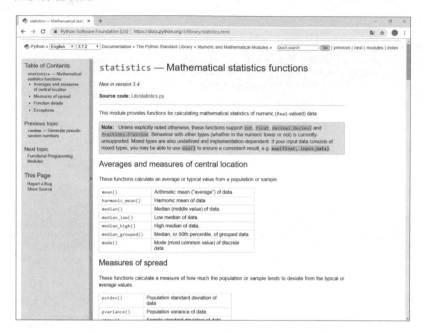

那裡頭都是統計常用的工具，建議你多多靈活地使用它們。

其實在 Python 的官網裡頭不只是介紹像 pow 這樣子的工具而已，還有對我們之前的解說內容 Python 官網裡頭也有解釋，當然啦，我們之後的教學內容原則上也離不開 Python 官網裡頭的知識，建議各位如果想要對 Python 有更深入或者是更透徹地了解，Python 官網將會是你很好的知識庫。

可能會有人問，有了 ** 來表示幾次方，為何還需要 math 工具箱的 pow()？

你可以想成你買一台新唉鳳，盒子裡放的僅僅是標配，不可能放最高品質的螢幕保護貼、最好的最炫的外殼，只會有最基本的配備。你想要理想的保護貼和外殼，就得自行另購。

所以 Python 裡放了最基本的運算工具和指令，讓你直接可以使用，一般人少用的更專業的需求，就引用工具箱進來使用。

3.6 對於數字類型的補充

在前面，我們已經對整數以及浮點數做了一個簡單的基本介紹，那時候我們去認識它們感覺會比較輕鬆＋好上手，主要是因為它們都是我們日常生活當中所常常會碰到的實際概念，而在本節，我們將要介紹複數以及分數，為什麼我們要把複數以及分數給放在這兒來做介紹呢？主要的原因是因為在我們的日常生活裡，它們比較少被用到，反而是在處理數理科學的運算之時會很常常見到它們的蹤影，讓我們先來看看下面的知識點。

1. 複數 complex

在我念國中的時候，如果遇到 -1 的平方根之時，老師都會告訴我們這個答案是沒有解的，直到念了高中學了複數的基本概念之後才知道 $i^2 = -1$（念作 i 平方等於負一），接下來就會出現一個坐標系，它長得像這樣：

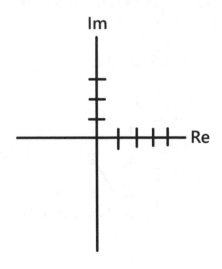

其中，英文單字「Re」指的是實軸，至於「Im」的話指的則是虛軸。

假如今天有一個複數 z，而這個複數 z=2+3i，那 z=2+3i 在上圖中我們要怎麼畫呢？答案就是把 2+3i 當中的 2 給當作實部，至於 3 的話則是當作虛部，所以我們可以這樣畫：

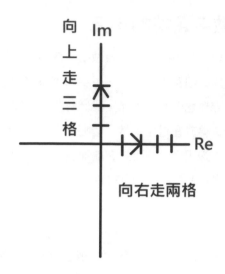

也就是說，如果把 2+3i 當中的 2 給當作實部之時，Re 的方向就向右走兩格，同樣道理，如果把 2+3i 當中的 3 給當作虛部之時，則 Im 的方向就向上走三格，情況如上圖所示。

所以我們對複數 z 的表示就可以這樣畫：

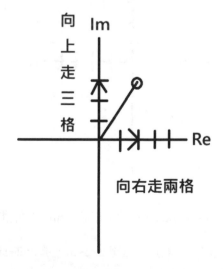

好了，由於我們不是在上數學課，所以對於複數的知識點我們就暫且先介紹到這邊為止，對複數有興趣的同學，建議去找本數學課本來看。

也就是說，講解複數的基本原理那不是我們 Python 這門課所要處理的事情，講解複數的基本原理那是數學系的事情，所以我們在這兒要使用 Python 來表達複數，如果你想要用 Python 來表達複數的話那你該怎麼做呢？請看我們下面的程式碼：

```
 P HelloPython ⊠
   1  print(complex(2,3))
   2
   3
     <
```
```
 ☐ Console ⊠
<terminated> HelloPython.py
(2+3j)
```

還是一樣，遇到問題就盡量找工具然後調工具來用，在這裡，我們調用了工具 complex，並且在工具 complex 裡頭分別寫上了 2 跟 3 這兩個數字，其中 2 的部分指的是實部，至於 3 的部分指的則是虛部，所以我們自然地要把程式碼給寫成 complex(2,3)。

請注意，我們在前面對於複數的介紹當中使用了「i」但是 Python 的執行結果卻是 (2+3j)，也就是說這時候的「i」卻被「j」給取代了，沒關係，雖然被取代了但意思仍然一樣，因此也請各位不用擔心。

最後，關於複數的基本介紹我們就到此為止，接下來我們要來講解分數。

2. 分數 fraction

分數我們大家都有學過，例如說把一塊圓形的披薩給切成 3 等分，如下圖所示：

而我幹走其中的 1 等分來吃的話就等於是拿走 3 分之 1 片的披薩，情況如下圖所示：

在上圖中，假如我幹走的是圓形披薩裡頭最下面的那部分。

所以像是 3 分之 1 部分披薩的話，在數學上我們就會寫成這樣：

$$\frac{1}{3}$$

其中，1 的部分稱為分子（就是我幹走的那部分），而 3 的部分則是稱為分母（就是披薩被劃分的那部分），而所謂的 3 分之 1 我們就稱之為分數（為什麼叫分數呢？你就想像成可以被分的數字或東西，例如說像上面的披薩）。現在，我要使用 Python 來表示分數 3 分之 1，那我該怎麼做呢？請看下面：

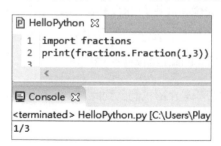

程式第一行：import fractions

程式第二行：print(fractions.Fraction(1,3))

把上面的那兩行程式碼給翻譯成中文的話就是像下面這樣：

程式第一行：調用工具箱 fractions。

程式第二行：從工具箱 fractions 當中來調用工具 Fraction，並且在分子的地方寫上 1，而在分母的地方則是寫上 3。

最後，我還要告訴大家一個關於工具箱以及從工具箱當中來引入工具的另一種寫法，以工具箱 fractions 為例，如果你想要把整個工具箱 fractions 都給抓進來用的話，那你可以把程式碼給寫成像上圖那樣，也就是：

程式第一行：import fractions

程式第二行：print(fractions.Fraction(1,3))

但如果你只是打算要從工具箱 fractions 當中只取出一樣工具 Fraction 來用的話，那你可以這樣寫：

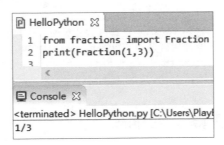

程式第一行：from fractions import Fraction

程式第二行：print(Fraction(1,3))

要是把上面的那兩行程式碼給翻譯成中文的話那就會是：

程式第一行：從工具箱 fractions 當中來引入工具 Fraction。

程式第二行：直接使用工具 Fraction 做出分數 3 分之 1，並且把結果給印刷出來。

請注意，如果你沒有寫上程式第一行也就是：from fractions import Fraction 就去跑程式的話，那結果一定會出錯：

以上就是我們對分數 fraction 的介紹。

英文單字加油站：

英文單字	中文翻譯
fraction	分數
from	從……（中文直接念作從哪裡），所以 from fractions 的中文意思就是從工具箱 fractions 當中

3.7 對於運算子的補給

我們在前面已經有講過了運算子的類型與用法，那些運算子說實話都是屬於比較簡單又好理解的運算子，不過在本節，我所要講的運算子就比較抽象一點了，因為你必須得知道數字的進位方式之後才能夠讀本章節。

好了，廢話不多說，就讓我們直接開始吧！首先是位元運算子。

1. 位元運算子

各位還記得我們在前面所講過的邏輯運算子嗎？那時候我們用了邏輯運算子來對句子做了「and、or 以及 not」的運算，並且還得出了各式各樣的運算結果。位元運算子其實在某些情況上跟邏輯運算子的功能是類似的，只是說，位元運算子主要是在處理以 0 與 1 來表示一個數字的二進位數字的某些運算，讓我們先用 0 與 1 來說明下面我們所要講的位元運算子「And」之後你就會知道我在說些什麼了，請看下表：

運算元 1	運算子	運算元 2	結果	結論
1		1	1	
1	And	0	0	當運算元 1= 運算元 2=1 的時候，其結果才會是 1
0		1	0	
0		0	0	

（當「And」寫成位元運算子的時候，英文單字的第一個字母我們用大寫「A」來做表示，目的是不跟邏輯運算子「and」做混淆）

如果你把上表當中的「1」與「0」給用前面所學過的「真」與「假」來做替換，並且與「and」邏輯運算子來相比較一下的話，有沒有發現到其實他們倆的運算結果都是一樣的。

如果把上表做個整理，並且把運算子「And」給用符號「&」來替換的話，那結果就會是這樣：

運算子	運算元 1	運算元 2	結果	結論
	1	1	1	
&	1	0	0	當運算元 1= 運算元 2=1 的時候，其結果才會是 1
	0	1	0	
	0	0	0	

現在，我們已經對邏輯運算子有了概念，因此，我要來舉個實際的範例來證明 And 這個邏輯運算子，讓我們以數字 11 和數字 14 為例子，其寫法如下：

第一步：把數字 11 給轉換成二進位數字

第二步：把數字 14 給轉換成二進位數字

第三步：把數字 11 轉換成二進位數字所得到的結果跟把數字 14 轉換成二進位數字所得到的結果一起來做 And 運算

上面的第一步以及第二步如下表所示：

十進位數字	二進位數字的位元 3	二進位數字的位元 2	二進位數字的位元 1	二進位數字的位元 0
11	1	0	1	1
14	1	1	1	0

當 11 和 14 經過 And 運算時，結果就會變成這樣也就是第三步：

數字	二進位數字的位元 3	二進位數字的位元 2	二進位數字的位元 1	二進位數字的位元 0
11	1	0	1	1
14	1	1	1	0
＆ 運算之後	1	0	1	0

而最後的運算結果：

＆ 運算之後	1	0	1	0

其實也就等於十進位數字 10 了。

關於數字 11 和數字 14 從十進位數字轉換成二進位數字的過程，請各位翻開《秋聲教你學資訊安全與駭客技術：反組譯工具的使用導向》一書裡頭的 p5-9 頁，我已經有整理成表了，不懂的讀者朋友們可以直接查表比較快。

現在，讓我們寫個程式來證明上表：

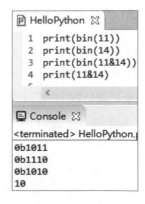

讓我們來對應一下表與程式之間的關係：

數字	二進位數字的位元 3	二進位數字的位元 2	二進位數字的位元 1	二進位數字的位元 0
11	1	0	1	1
14	1	1	1	0
&運算之後	1	0	1	0

```
1 print(bin(11))
2 print(bin(14))
3 print(bin(11&14))
4 print(11&14)
```

```
<terminated> HelloPython.
0b1011
0b1110
0b1010
10
```

而最後的運算結果：

&運算之後	1	0	1	0

其實也就等於十進位數字 10 了。

首先是程式第一行的部分，把十進位數字 11 給轉換成二進位數字 1011 的部分：

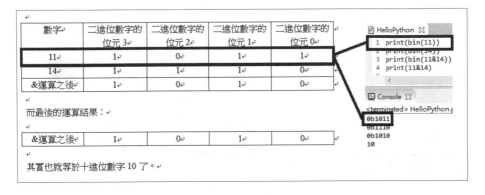

再來是程式第二行的部分，把十進位數字 14 給轉換成二進位數字 1110 的部分：

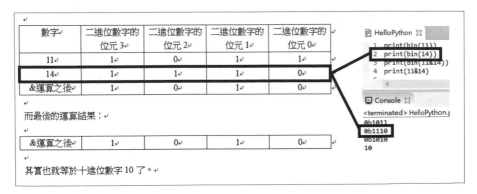

073

最後則是把十進位數字 11 以及十進位數字 14 一起來做 And 的部分：

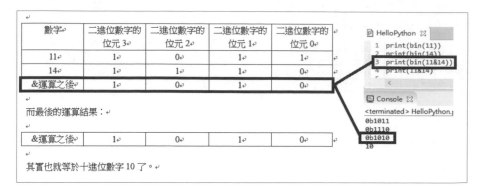

而最後我們會得到 And 之後的二進位數字 1010，而二進位數字 1010 也等同於十進位數字 10：

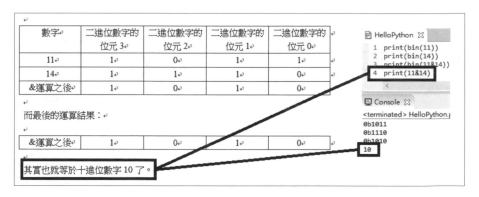

同樣的，我們也可以針對「or」邏輯運算子以及「not」邏輯運算子的情況來做個類推與歸納，首先是「Or」位元運算子（當寫成位元運算子的時候，英文單字的第一個字母我們用大寫來表示，目的是不跟邏輯運算子「or」做混淆）：

運算子	運算元 1	運算元 2	結果	結論
	1	1	1	
|	1	0	1	當運算元 1 或者是運算元 2 的數值其中有一個為 1 的時候，其結果才會是 1
	0	1	1	
	0	0	0	

在上表中，我們以符號「|」來代表「Or」位元運算子。

也一樣，只是這次我們以十進位數字 10 和 14 為例子，並且讓它們倆經過 Or 運算時，其結果會變得怎麼樣，請看下表：

數字	二進位數字的位元 3	二進位數字的位元 2	二進位數字的位元 1	二進位數字的位元 0
10	1	0	1	0
14	1	1	1	0
「|」運算之後	1	1	1	0

而最後的運算結果：

「|」運算之後	1	1	1	0

其實也就等於十進位數字 14 了。

讓我們寫個程式來證明一下上表：

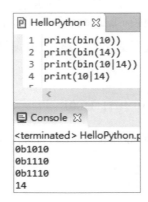

至於「not」的部分則是在這裡，讓我們來看看下表：

運算子	運算元	結果	說明
~	1	0	直接把 1 變成 0，或者是直接把 0 給變成 1，也可以說它是反相運算
	0	1	

以數字 6 為例子：

數字	二進位數字的位元 3	二進位數字的位元 2	二進位數字的位元 1	二進位數字的位元 0
6	0	1	1	0
「~」運算之後	1	0	0	1

不過在 Python 裡頭，數字通常不會是只有 1001 這麼短而已，可能會是這樣：

00000110 → 11111001

或者是這樣：

0000000000000110 → 1111111111111001

not 運算，就是將 0 變 1，1 變 0，上面兩個例子仔細看，左邊是 1 的那些位置，在右邊是 0，左邊 0 的那些位置，在右邊全是 1。

在二進位數字的世界裡頭，當最高位的數字是 1 的時候那會表示一個數字的負數，所以上面的那二進位數字 6 在經過 not 運算之後（→ 表示經過 not 運算之後）：

二進位數字 6：00000110 → 11111001

二進位數字 6：0000000000000110 → 1111111111111001

都會變成十進位數字 -7。

讓我們寫個程式來證明一下上表：

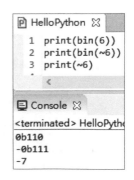

要是你不確定上面的結果為 -7 的話可參考下面用 Windows 小算盤所算出來的結果：

注意，由於十進位數字 7 的二進位數字是 0111，所以 Eclipse 當中的 -0b111 意思就是指 -7。

最後，我們要來講個運算子，這個運算子叫做「Xor」運算子，它的符號是「^」

Xor 運算子很有意思，當運算元的值都相同時，其結果會為 0，當運算元的值都不相同時，其結果會為 1，讓我們來看看下表：

運算子	運算元 1	運算元 2	結果	結論
^	1	1	0	當運算元的值都相同時，其結果會為 0，當運算元的值都不相同時，其結果會為 1。
	1	0	1	
	0	1	1	
	0	0	0	

讓我們來以數字 10 以及 14 做個說明：

數字	二進位數字的位元 3	二進位數字的位元 2	二進位數字的位元 1	二進位數字的位元 0
10	1	0	1	0
14	1	1	1	0
「∧」運算之後	0	1	0	0

而最後的運算結果：

「∧」運算之後	0	1	0	0

其實也就等於十進位數字 4 了。

讓我們寫個程式來證明一下上表：

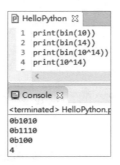

邏輯的 AND OR NOT 和位元運算 AND OR NOT 很像，邏輯的 AND OR NOT 你可以當成一個位元的 AND OR NOT 運算，而位元運算就是一次有很多組邏輯 AND OR NOT 同時一起運算，其結果用二進位數字來表示，而二進位數字又可以轉成 10 進位 16 進位。

2. 左移和右移運算子

左移的意思就是指往左邊移動（Python 的語法為 <<），而右移的意思就是指往右邊移動（Python 的語法為 >>），而移動的對象則是一個數字的二進位數字，讓我們以數字 2 為例子來做個說明之後各位就可以立刻知道了：

數字	二進位數字的每個位元							
2	0	0	0	0	0	0	1	0
左移一位	0	0	0	0	0	1	0	0
左移兩位	0	0	0	0	1	0	0	0

注意，在上表中，當十進位數字 2=00000010 左移一位變成 00000100 的時候，此時二進位數字 00000100 就會等於十進位數字 4。同樣情況，當左移兩位的時候，十進位數字 2 會變成 00001000 也就是十進位數字 8，此時的情況相當於做次方的計算。

數字	二進位數字的每個位元							
2	0	0	0	0	0	0	1	0
右移一位	0	0	0	0	0	0	0	1
右移兩位	0	0	0	0	0	0	0	0

讓我們來寫個程式證明一下上面的那兩個表格：

```
P HelloPython ⌧
 1  print(bin(2))
 2  print("//=====//")
 3  print(bin(2<<1))
 4  print(2<<1)
 5  print(bin(2<<2))
 6  print(2<<2)
 7  print("//=====//")
 8  print(bin(2>>1))
 9  print(2>>1)
10  print(bin(2>>2))
11  print(2>>2)
    <
```

```
Console ⌧
<terminated> HelloPython.py
0b10
//=====//
0b100
4
0b1000
8
//=====//
0b1
1
0b0
0
```

上面的例子中，有看到像這樣

```
bin(2>>1)
```

這個 bin() 裡面，可以放運算式 2>>1 嗎？答案當然是可以的。在後面我們會更常出現類似這樣的指令。

好了，關於運算子的補充我們暫且就先到這兒，隨著後面的介紹我們會陸陸續續地看到其實運算子還有很多妙用等著你去探索與學習。

3.8 人機互動的範例

一直以來，人與機器之間的互動造就了電腦以及其相關衍伸產業的發展，像是大家最耳熟能詳的遊戲就是其中一個例子，當玩家按下手上的搖桿之時，就等於給電腦輸入了一個指令，接著電腦就會照著你所輸入的指令去執行你所下給它的命令。

在前面，我們的程式都是屬於一種比較靜態的寫法，也就是說，我們都先把數值給寫死，然後寫程式讓電腦去幫我們做事情，例如前面所介紹過的加法運算就是一個很典型例子，那時候我們把程式 1+1 當中的數字 1 給寫死，寫完後讓電腦去幫我們做計算，可是你有想過嗎？如果像 1+1 當中的 1 可以讓我們自己自由自在地輸入的話，那該有多好玩？也就是說，我可以把事情給弄活，而不要只是個死的程式，讓我們來看看下面的程式碼：

程式的執行結果如下，首先是準備輸入第一個數字：

```
P HelloPython ✕
1  number1=input("Please Enter Number1:")
2  number2=input("Please Enter Number2:")
3  print("The sum is" , int(number1)+int(number2))
    <
```
```
💻 Console ✕
HelloPython.py [C:\Users\PlayBoy7878978567544\AppData\Local
Please Enter Number1:
```

已經輸入了第一個數字，假設它是 12：

```
P HelloPython ✕
1  number1=input("Please Enter Number1:")
2  number2=input("Please Enter Number2:")
3  print("The sum is" , int(number1)+int(number2))
    <
```
```
💻 Console ✕
HelloPython.py [C:\Users\PlayBoy7878978567544\AppData\Local
Please Enter Number1:12
```

然後按下鍵盤上的 Enter：

```
P HelloPython ✕
1  number1=input("Please Enter Number1:")
2  number2=input("Please Enter Number2:")
3  print("The sum is" , int(number1)+int(number2))
    <
```
```
💻 Console ✕
HelloPython.py [C:\Users\PlayBoy7878978567544\AppData\Local
Please Enter Number1:12
Please Enter Number2:
```

接著再輸入另一個數字，假設它是 26：

```
P HelloPython ✕
1  number1=input("Please Enter Number1:")
2  number2=input("Please Enter Number2:")
3  print("The sum is" , int(number1)+int(number2))
    <
```
```
💻 Console ✕
HelloPython.py [C:\Users\PlayBoy7878978567544\AppData\Local
Please Enter Number1:12
Please Enter Number2:26
```

然後再按下鍵盤上的 Enter：

```
P HelloPython ✕
 1  number1=input("Please Enter Number1:")
 2  number2=input("Please Enter Number2:")
 3  print("The sum is" , int(number1)+int(number2))
    <

□ Console ✕
<terminated> HelloPython.py [C:\Users\PlayBoy7878978567544\
Please Enter Number1:12
Please Enter Number2:26
The sum is 38
```

這個時候電腦就會幫我們把我們第一次以及第二次所分別輸入的數字 12 以及 26 給做相加，並且把相加之後的結果 38 給印刷出來。

在上面的程式碼當中，我們使用了最關鍵的工具 input，工具 input 的意思是說你可以輸入你自己所想要輸入的內容，然後把輸入後的內容給丟進盒子 number1 以及盒子 number2 裡頭去（也可以說是盒子指向你所輸入的數字那也可以），讓我們把上面的程式碼給列出來之後在翻譯成中文：

程式第一行：number1=input("Please Enter Number1:")

程式第二行：number2=input("Please Enter Number2:")

程式第三行：print("The sum is" , int(number1)+int(number2))

程式第一行：請輸入一個數字，並且輸入後把這個數字給丟進盒子 number1 裡頭去（也可以說請輸入一個數字，並且盒子 number1 指向你所輸入的這個數字）。

程式第二行：請輸入一個數字，並且輸入後把這個數字給丟進盒子 number2 裡頭去（也可以說請輸入一個數字，並且盒子 number2 指向你所輸入的這個數字）。

程式第三行：請印刷出盒子 number1 以及盒子 number2 裡頭的數字相加之後的結果（也可以說印刷出由盒子 number1 所指向的數字以及盒子 number2 所指向的數字的總和）。

請注意，我們在程式的第三行當中對盒子 number1 以及盒子 number2 分別給用 int 括了起來，為什麼我們要這麼做？理由是因為，當你在輸入數字的時候，必須得確保你所輸入的數字是整數類型 int，要是你沒指定的話，那程式的執行結果可是會當場出包的唷，例如下面：

```
📄 HelloPython ⊠
1  number1=input("Please Enter Number1:")
2  number2=input("Please Enter Number2:")
3  print("The sum is" , number1+number2)
   <

🖥 Console ⊠
<terminated> HelloPython.py [C:\Users\PlayBoy78789
Please Enter Number1:12
Please Enter Number2:26
The sum is 1226
```

雖然程式並沒有出現不讓我們執行的警告，但它卻告訴我們，我們的執行結果跟我們所要的預期結果完全不一樣，像這種情況，我們就稱程式裡頭有「bug」也就是俗稱的「臭蟲」，而一位資訊工程師或者是程式設計師很少在寫程式的時候一次就能夠把程式給寫得非常完美而完全沒有 bug，而是要經過很長時間的除錯（英文稱之為 debug）之後讓程式可以順利運作，進而把專案給交出去，也才讓這世界上出現了各式各樣的各種軟體來讓你使用，包括你最愛的遊戲。

3.9 專有名詞對照表

在前面，我們已經對 Python 有了個最基本的認識，當然也用了很多生活上的比喻來讓各位了解前面所講的到底是怎麼一回事，目的就是要讓你能夠輕鬆地來學習 Python 這個程式語言，不過，只知道生活名詞的話那只能夠讓自己在私底下玩玩 Python 而已，如果想要當一位專業的電腦科學家、資訊工程師或者是程式設計師的話，就必須得了解專有名詞，所以，我們要在本節當中把前面所講過的生活名詞以表格的方式來做個歸納與整理，並且讓它們能夠與專有名詞一起來互相做個對照，請看下表：

生活名詞	專有名詞
指向布丁或數字的盒子	記憶體
指向布丁或數字的盒子名稱	變數
布丁或盒子的類型	數值型別
布丁或盒子的編號	記憶體位址
布丁	數值
工具	函數（或方法）
工具箱	模組
布丁合成機	CPU

　　好了，關於上面的生活名詞以及專有名詞對照表我們就暫且先做到這邊，有沒有記住專有名詞那無所謂，重要的是要能夠理解專有名詞背後所要表達的意義，因為那些意義可以幫助你在程式的寫作上有穩定的基礎。

CHAPTER

4

一個愛作夢的小孩-
如果**我能怎麼樣**

4.1 事情的開頭是這樣子的

在我們的日常生活中，我們都會喜歡談論自己的夢想，例如說，如果我有兩億的話，那我就會立刻買一台男人的夢想也就是俗稱的超跑來玩玩，因為只要有了一台非常 Man 的超跑，那不但可以圓了我當男人的夢想之外，從此開在路上也可以吸引到很多人的目光，運氣好的話，搞不好還能夠把到正妹讓你帶回家，從此你就可以揮別這幾十年來夜夜伴你入睡的浪漫愛情運動片。

上面的話聽起來是那麼地遙不可及，因為要瞬間得到兩億，除了你身上的細胞增長之外，大概也沒別的辦法了，所以還是讓我們回歸現實吧！

我記得我以前在念大學的時候，常常會因為很多的原因結果在考試的前一晚來臨時抱佛腳，那時候我們心裡都會想著如果明天的考試成績要是沒有達到 60 分的話，那下學期我不但要準備當學弟，就連我班上的小花也會跟我從原來的班對關係瞬間變成我的直系學姊，一想到這，我就雙手抱頭大聲喊著我不要我不要。

好了，現在，讓我們用簡單的幾句話來歸納上面的那兩個情況，首先是買超跑的部分：

第一句話：「如果」我有兩億，「那就」買超跑。

第二句話：「如果」明天的考試成績沒有 60 分，「那就」準備明年當學弟。

請注意上面的那兩句話，在上面的那兩句話當中都有個共同點，那就是：

「如果」怎樣怎樣怎樣，「那就」怎樣怎樣怎樣

而接下來關於我們 Python 的故事，就是從這裡開始的。

4.2 如果的初步介紹

各位還記得我們前一節當中所講過的那兩句話嗎？它們分別是：

第一句話：「如果」我有兩億，「那就」買超跑。

第二句話：「如果」明天的考試成績沒有 60 分，「那就」準備明年當學弟。

並且我還下了個結論，那就是上面的那兩句話彼此之間都有個共同點，它們是：

「如果」怎樣怎樣怎樣，「那就」怎樣怎樣怎樣

好了，為了方便說明起見，我就以第二句話為例子（因為第二句話是最貼近我們的日常生活，而不是你常常做的白日夢），並且我還把它裡頭的句子也就是：

準備明年當學弟

給改寫成：

不及格

也就是說，我們現在要來看的情況就是：

「如果」明天的考試成績沒有 60 分，「那就」不及格。

然後準備把上面的話給簡寫一下，請看下面：

「如果」成績小於 60 分
「那就」不及格

現在，我想要再更偷懶一點，打算把上面的話又寫得更簡單，並且用空格做一下調整以及外加一個符號「:」，情況像下面這樣：

「如果」成績小於 60 分：
　　不及格

那我相信大家也還是都看得懂的對吧！

現在，讓我們把上面的話用英文以及前面所介紹過的運算子來做轉換的話，那情況就會是這個樣子：

```
「if」score < 60:
        failed
```

其中，英文單字「if」的中文意思是指「如果」，「score」的中文意思是指「成績」，而運算子「<」的意思是指「小於」，至於最後的「failed」的中文意思則是指「不及格」。

所以如果你明天好死不死考試考了個 45 分的話，那這時候的情況就會是這樣：

```
if 45 < 60:
  failed
```

把原來的成績也就是「score」給用 45 帶進去，我想這樣大家也還是看得懂的對吧！

如果你對於上面的內容都能夠了解的話，那恭喜你，你對於 Python 當中的 if 敘述也一定可以看得懂，怎麼說？讓我們把上面的內容給用 Python 來搞定，看看這情況是怎麼一回事：

看到了嗎？有沒有覺得上面的 Python 語言很熟悉？沒錯，那不就是跟我剛剛所講過的內容差不多嗎？只是說我用了個工具 print 來把「failed」也就是不及格這個英文單字給印刷出來而已。

請注意，各位在寫這道程式碼的時候，程式第二行的部分你必須得留白，不能把 if 和 print 對齊：

要是你直接跑的話那程式一定會出錯：

```
[P] HelloPython 🔀
 1  if(45<60):
❌2  print("failed")
 3
     <
```

```
[🖥] Console 🔀         ■ ❌ 🛠 🔍 🗐 | 📄 📊
<terminated> HelloPython.py [C:\Users\PlayBoy7878978567544\AppData\Local\Programs\Python\Python37-32\python.exe]
  File "C:\Users\PlayBoy7878978567544\eclipse-workspace\MyPython\HelloPython.py", line 2
    print("failed")
         ^
IndentationError: expected an indented block
```

所以你必須得留幾個空格：

在我的電腦裡頭，我留下了四個半型的空格之後，Eclipse 就讓我的程式碼當下就通過編譯了。

PS：注意，如果你是用 Windows 家的作業系統，那全形半形之間的快速切換是同時按下你鍵盤上的 Shift+ 空白鍵，而這種留空格的方式，我們就稱它為縮排。

Python 程式都有縮排，但大部分的程式語言並不強制縮排，沒做縮排只會影響閱讀美觀。然而 Python 卻較嚴格，強制一定要縮排，雖然 Python 並沒有強制要縮排多少個空白字元，但卻要求一定要縮排。你縮排時放三個空白字元，接下來在 if 裡的指令，也一定要縮排三個空白字元，除非你進入第二層 if 或是現在的 if 內指令結束。總之縮排要特別注意。

現在，讓我們把本節的程式碼給寫得稍微漂亮一點，請看下面：

當然你也可以自己輸入成績，還記得我們的工具 input 吧？

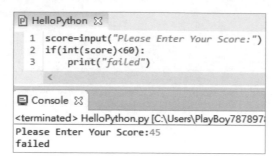

當然如果你想要帥的話，也可以一行搞定的 XD：

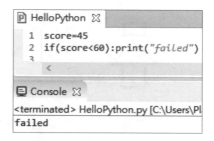

最後要告訴各位的是，我們在本節當中使用了比較運算子「<」來做範例解釋，其實，只要是比較運算子我們都可以拿來用，請看下面的程式碼：

```
1 score=input("Please Enter Your Score:")
2 if(int(score)>60):
3     print("Passed")
4 if(int(score)<60):
5     print("Failed")
6 if(int(score)>=60):
7     print("Passed")
8 if(int(score)<=60):
9     print("Be Careful!")
10 if(int(score)==60):
11     print("Your Score = 60")
12 if(int(score)!=60):
13     print("Your Score != 60")
```

Console ⊠
```
<terminated> HelloPython.py [C:\Users\PlayBoy787897:
Please Enter Your Score:45
Failed
Be Careful!
Your Score != 60
```

讓我們用個表格來體驗上圖所要表達的重點，並以 score=45 為範例：

運算子	運算子說明	與 if 合用的範例	運算結果
>	大於	int(score)>60	假，所以不印出「Passed」
<	小於	int(score)<60	真，所以印出「Failed」
>=	大於等於	int(score)>=60	假，所以不印出「Passed」
<=	小於等於	int(score)<=60	真，所以印出「Be Careful!」
==	等於	int(score)==60	假，所以不印出「Your Score = 60」
!=	不等於	int(score)!=60	真，所以印出「Your Score != 60」

當然我們也可以以 score=60 為範例：

```
P HelloPython ⊠
  1  score=input("Please Enter Your Score:")
  2  if(int(score)>60):
  3      print("Passed")
  4  if(int(score)<60):
  5      print("Failed")
  6  if(int(score)>=60):
  7      print("Passed")
  8  if(int(score)<=60):
  9      print("Be Careful!")
 10  if(int(score)==60):
 11      print("Your Score = 60")
 12  if(int(score)!=60):
 13      print("Your Score != 60")
    <
```

```
💻 Console ⊠
<terminated> HelloPython.py [C:\Users\PlayBoy787897
Please Enter Your Score:60
Passed
Be Careful!
Your Score = 60
```

然後表格如下所示：

運算子	運算子說明	與 if 合用的範例	運算結果
>	大於	int(score)>60	假，所以不印出「Passed」
<	小於	int(score)<60	假，所以不印出「Failed」
>=	大於等於	int(score)>=60	真，所以印出「Passed」
<=	小於等於	int(score)<=60	真，所以印出「Be Careful!」
==	等於	int(score)==60	真，所以印出「Your Score = 60」
!=	不等於	int(score)!=60	假，所以不印出「Your Score != 60」

請注意，60 分不是大於 60 分，而是 60 分等於 60 分，所以 int(score)>60 為假。

當然我們也可以以 score=90 為範例：

```
score=input("Please Enter Your Score:")
if(int(score)>60):
    print("Passed")
if(int(score)<60):
    print("Failed")
if(int(score)>=60):
    print("Passed")
if(int(score)<=60):
    print("Be Careful!")
if(int(score)==60):
    print("Your Score = 60")
if(int(score)!=60):
    print("Your Score != 60")
```

```
<terminated> HelloPython.py [C:\Users\PlayBoy7878978
Please Enter Your Score:90
Passed
Passed
Your Score != 60
```

然後表格如下所示：

運算子	運算子說明	與 if 合用的範例	運算結果
>	大於	int(score)>60	真，所以印出「Passed」
<	小於	int(score)<60	假，所以不印出「Failed」
>=	大於等於	int(score)>=60	真，所以印出「Passed」
<=	小於等於	int(score)<=60	假，所以不印出「Be Careful!」
==	等於	int(score)==60	假，所以不印出「Your Score = 60」
!=	不等於	int(score)!=60	真，所以印出「Your Score != 60」

最後我要給大家一個小作業，其實上面的程式碼在設計上面還不是很完美，你能找出來並且修改它嗎？

好了，關於 if 的介紹我們就暫且先到這為止，接下來我們要來說一些更有趣的內容。

英文單字加油站：

英文單字	中文翻譯
If	如果
Score	成績
Careful	小心的
Passed	及格的
Failed	不及格的

4.3 讓事情多一個走向 -else

在前面，我們用了 if 這個單字（請暫時先把寫 Python 給當作是寫英文句子一樣）來對我們的成績做了個簡單的判斷，那時候我們所用的方法非常簡單，也就是只用一個 if 就要來解決所有的判斷問題，但其實事情不需要做到這樣，因為這樣做的結果就是會把程式給寫得很長，那也許你會問，是否還有其他的辦法可以縮短程式，同時也讓程式更加地靈活呢？答案是有的，請看下面的敘述：

如果成績大於等於 60 分的話

那就及格

否則

那就不及格

也是一樣，讓我們把上面的描述給做個簡化的話那就是：

如果成績大於等於 60 分：

　　及格

否則：

　　不及格

當然也可以用英文來寫成這樣：

```
if score >= 60:
    Passed
else:
    Failed
```

其中，英文單字「else」的意思就是指「否則」。

要是你對上一節的內容不感到陌生的話，那我相信上面的內容對你來說一定是非常簡單也很好理解的對吧！現在，讓我們把上面的英文描述給用 Python 這個程式語言來表達，那我們該怎麼做呢？請看下面：

```
Ⓟ HelloPython ⊠
  1  score=input("Please Enter Your Score:")
  2  if(int(score)>=60):
  3      print("Passed")
  4  else:
  5      print("Failed")
     ‹
🖳 Console ⊠
<terminated> HelloPython.py [C:\Users\PlayBoy7878978
Please Enter Your Score:92
Passed
```

在上面的程式當中，首先我們輸入了分數 92，並且讓程式碼去做判斷，最後我們會得到結果「Passed」，理由很簡單，主要是因為這時候由於分數 92 滿足上面程式碼當中的第二行也就是：

```
if(int(score)>=60):
```

當中「>」的部分（因為 92 大於 60），所以接下來就會執行程式碼的第三行：

```
print("Passed")
```

要是我們在分數的地方輸入了 60
呢？那情況又會是如何？請看下面：

```
Ⓟ HelloPython ⊠
  1  score=input("Please Enter Your Score:")
  2  if(int(score)>=60):
  3      print("Passed")
  4  else:
  5      print("Failed")
     ‹
🖳 Console ⊠
<terminated> HelloPython.py [C:\Users\PlayBoy787897
Please Enter Your Score:60
Passed
```

答案也是一樣，由於分數 60 滿足上面程式碼當中的第二行也就是：

```
if(int(score)>=60):
```

當中「=」的部分（因為 60 等於 60），所以接下來就會執行程式碼的第三行：

```
print("Passed")
```

要是我們在分數的地方輸入了 59 呢？

這時候答案就不一樣了，由於分數 59「不」滿足上面程式碼當中的第二行也就是：

```
if(int(score)>=60):
```

當中「>=」的部分（因為 59 小於 60，當然你也可以說 59 不是大於等於 60），所以接下來就「不」會執行程式碼的第三行：

```
print("Passed")
```

而是會執行程式碼的第四行，也就是：

```
else:
```

之後會執行程式碼的第五行，也就是：

```
print("Failed")
```

然後印刷出英文單字「Failed」也就是不及格的意思。

最後，要是你想要帥，一行就解決 if-else 的話那也是 OK 的，請看下面：

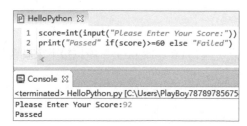

以及：

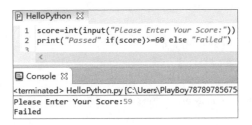

最後：

```
HelloPython ☒
1  score=int(input("Please Enter Your Score:"))
2  print("Passed" if(score)>=60 else "Failed")
3  <
```

```
Console ☒
<terminated> HelloPython.py [C:\Users\PlayBoy78789785675
Please Enter Your Score:59
Failed
```

英文單字加油站：

英文單字	中文翻譯
else	否則

4.4 多種選擇的方法

　　在前面，我們已經用了 if 再加上各種各式各樣例如大於、小於以及等於等等這樣子的符號（其實也就是運算子）來對我們判斷成績及格或不及格的程式做了個簡單的範例，在前面的範例裡頭，都是比較屬於單一向的選擇，但是在這兒，我們要來講的是多種選擇。

　　多種選擇的情況是這樣子的，有些公司行號在年終之時給員工打考績的時候，並不是以實際的分數來當作最後的考核，而是以 A、B、C、D、E 等等這樣子的結果來表示，其中，它們的分數配置是這樣子的：

A 等於 90 分（包含 90 分）以上到 100 分

B 等於 80 分（包含 80 分）以上到 89 分

C 等於 70 分（包含 70 分）以上到 79 分

D 等於 60 分（包含 60 分）以上到 69 分

E 等於 60 分以下（也就是不包含 60 分）為不及格。

現在，在我學了 Python 之後，我想用 Python 來寫一道程式來紀念這件好事，看我們怎麼寫，在寫之前讓我們先來構思一下我想要解決這個問題的思路，請看下面：

如果成績大於等於 90 分的話：
那麼得到 A

否則如果成績大於等於 80 分的話：
那麼得到 B

否則如果成績大於等於 70 分的話：
那麼得到 C

否則如果成績大於等於 60 分的話：
那麼得到 D

其他的情況：
不及格

思路已經有了，現在再把上面的中文描述給翻譯成英文，並配合我們的運算子一起來做描述的話，那我們會得到：

```
if score >= 90
   Got A
else if score >= 80
   Got B
else if score >= 70
   Got C
```

```
else if score >= 60
    Got D
else
    Got Failed
```

看來，我們已經有了解決問題的方向，現在，我們就要用 Python 來把上面的想法給實現出來，請看我們怎麼做：

```
HelloPython ⊠
 1  score=input("Please Enter Your Score:")
 2  if(int(score)>=90):
 3      print("Passed and You Got A")
 4  elif(int(score)>=80):
 5      print("Passed and You Got B")
 6  elif(int(score)>=70):
 7      print("Passed and You Got C")
 8  elif(int(score)>=60):
 9      print("Passed and You Got D")
10  else:
11      print("Failed")
```
```
Console ⊠
<terminated> HelloPython.py [C:\Users\PlayBoy787897
Please Enter Your Score:90
Passed and You Got A
```

初步看來，上面的程式碼好像有達到我們要的結果，所以現在就讓我們來看看程式碼：

程式行數	程式碼	解說
1	score=input("Please Enter Your Score:")	請輸入一個成績
2	if(int(score)>=90):	如果成績大於或等於 90 分的話
3	print("Passed and You Got A")	印刷出通過考核以及你得到 A
4	elif(int(score)>=80):	否則如果成績大於或等於 80 分的話
5	print("Passed and You Got B")	印刷出通過考核以及你得到 B
6	elif(int(score)>=70):	否則如果成績大於或等於 70 分的話
7	print("Passed and You Got C")	印刷出通過考核以及你得到 C
8	elif(int(score)>=60):	否則如果成績大於或等於 60 分的話

程式行數	程式碼	解說
9	print("Passed and You Got D")	印刷出通過考核以及你得到 D
10	else:	否則（也就是低於60分的情況）
11	print("Failed")	不及格

請各位注意一點，我們把英文描述：

```
else if score >= 80
```

當中 else if 在轉換成 Python 程式語言的時候使用了「elif」來取代。

最後，我要來講一個偷懶的事情，雖然我們把「elif」用在多重選擇上面，但你說，我只想把它給用在一個選擇那可不可以？當然可以囉！請看一下下面這個偷懶的程式碼：

好了，關於這道程式碼的解釋就留給大家當作業，請各位跟我一樣用個表格，然後把程式碼跟解說給寫出來，也許你會覺得，我弄成這樣到底是幹嘛啊？這樣做多囉嗦！

相信我，想要學會撰寫程式碼的最好道路那就是多多撰寫程式碼以及學會分析別人已經寫過的程式碼，只要你有這個好習慣，那時間久了之後，漸漸地你會對程式語言感到得心應手的。

一直重複
做一件好事

5.1　for 循環的基本介紹

事情就是這樣子開始的，在一個平凡又無聊的星期天晚上，我跟室友兩個人一起躺在沙發上看著電視，這時候突然間…．

室友：啊！好無聊啊！

我：唉！好想念以前的那個馬子啊！

室友：你可真是「畜生、畜生、畜生」，滿腦子只有馬子的事情。

我：不爽膩！

室友：不爽就是不爽，怎麼樣。

於是我就試著在他的愛情傷口上灑鹽，我不但要撒，而且還要挑上等好鹽。

我：沒辦法，你都承認你的顏值只有 25 分而已，又是能要求人家多好？

室友：我不貪心，只要有 95 分的女生我都願意接受的。

我：你死心吧！正所謂「人帥他媽好、人醜性騷擾」，你沒落到後者的下場就不錯啦！

室友：你可真他媽的「畜生、畜生、畜生、畜生、畜生」。

好了，看完了上面的話之後，我們接著就要進入我們的正題。各位有沒有發現到，我的室友特別喜歡對我連射「畜生」這兩個字？沒錯，因為我故意在他的傷口上灑鹽，我不但灑鹽，而且還撒了特別刺痛他傷口的高級海鹽。

現在，我想要用中文來表達連射五次畜生的寫法，我想，事情是可以長這樣子的：

在某個範圍裡連射畜生 5 次

上面所講的範圍大家應該都知道，就是在床上的中間畫一條線，當晚過線的人就是禽獸，而從那條線到你躺的床邊就是所謂的範圍，這樣很好理解吧！

既然好理解，那我們又可以把上面的話給寫成像下面這樣：

連射 次數 在 某個範圍裡 5 次：
　　寫出畜生

現在，假如上面的話用 Python 來寫的話那情況就會是這樣：

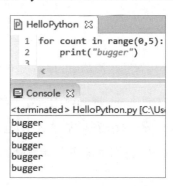

如果你看不懂上面的程式碼，那就請參考下面的替換之後就知道了：

連射（for）次數（count）在（in）某個範圍裡 5 次：（range(0,5):）
　　寫出畜生（print("bugger")）

其中，上面我們用了關鍵字 for 這個字，關鍵字 for 這個字的意思就是指連續執行什麼事情（用學術一點的話來說 for 它就是「循環」，而用白一點的話來說就是指連射啦）至於工具 range 的話，它則是可以幫我們把連續執行的範圍給訂出來，例如說上面的 5 次，因此在工具 range 裡頭我們為什麼要在起始點的地方寫上 0 而在終止點的地方寫上 5 的原因就是這樣，這表示說我要執行的連續範圍是 5 次，所以上面的情況我們也可以寫成這樣：

連射 次數 在 某個範圍裡（起始點，終止點）

　　寫出畜生

那問題來了，為什麼我會在上面說是某個範圍呢？想一想要是你說我在工具 range 的範圍裡頭我不想寫 0 和 5 而是想寫 4 和 9 的話那可不可以呢？當然可以囉！請看下面：

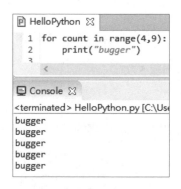

所以只要範圍是 5，不用管開始和結束的數字是什麼，你說對吧！

現在，要是你想要在工具 range 裡頭自由自在地輸入起始點和終止點的話那可不可以呢？也當然可以囉，還記得咱們的人機互動程式碼吧？如果各位還記得的話，那就讓我們一起來看看下面解決這道問題的思路：

請輸入一個數字當作起始點

請輸入一個數字當作終止點

連射 次數 在 某個範圍裡（起始點，終止點）

　　寫出畜生

或者是：

起始點 = 請輸入一個數字

終止點 = 請輸入一個數字

連射 次數 在 某個範圍裡 (起始點 , 終止點)

　寫出畜生

這樣我們解決問題的思路好像就已經有了對吧？現在，讓我們把上面的話給翻譯成英文再加上前面的轉換，情況就會如下面的這個樣子：

```
Star= Please Enter a Star Number
End= Please Enter a End Number

for count in range(Star, End):
    bugger
```

讓我們想想，我們在前面的人機互動裡頭是不是已經調用了工具 input 來輸入我們所想要輸入的數字？所以這時候的：

```
Star= Please Enter a Star Number
End= Please Enter a End Number
```

就可以轉換成下面的那兩行 Python 程式碼：

```
Star=int(input("Please Enter a Star Number"))
End =int(input("Please Enter a End Number"))
```

也就是說，只要把上面那兩行程式碼給搞定的話，那剩下的問題就是把 Python 給轉換出來那就一切 OK 了對嗎？沒錯，讓我們來看看下面完整的 Python 程式碼：

```
P HelloPython ⊠
1  Star=int(input("Please Enter a Star Number"))
2  End =int(input("Please Enter a End Number"))
3
4  for count in range(Star,End):
5      print("bugger")

  <

🖳 Console ⊠
<terminated> HelloPython.py [C:\Users\PlayBoy787897856754
Please Enter a Star Number6
Please Enter a End Number11
bugger
bugger
bugger
bugger
bugger
```

105

看來，咱們的問題已經解決了，還有，有沒有覺得 Python 其實很有趣？

好了，最後再來補充一點，要是在：

某個範圍裡 (起始點 , 終止點)

也就是工具 range 裡頭的起始點和終止點我不想寫的話那可不可以呢？答案也是可以的，請看下面的程式碼：

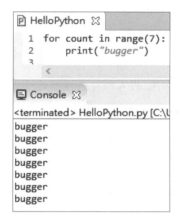

這表示我執行了 7 次事情就結束了。

好了，關於 for 的介紹我們就到這兒為止，下面我們還有其他的循環要學。

英文單字加油站：

英文單字	中文翻譯
count	計數
range	範圍

5.2 while 循環

　　在前面，我們已經對具有連射功能的 for 循環做了個簡單的初步介紹，但其實循環還有另一種寫法，它的名字是叫 while 循環，讓我們來看一下下面這道程式碼：

```
HelloPython ⊠
1  number1=3
2  while(number1<5):
3      print("bugger")
4
<
```

```
Console ⊠
HelloPython.py [C:\Users\PlayBoy
bugger
bugger
bugger
bugger
bugger
bugger
bugger
bugger
bugger
bugger
bugger
```

　　在上面的程式碼當中，我們首先預設了 number1，並且把數字 3 給丟進了 number1 裡頭去，接下來，我們使用了 while 循環，並且在 while 循環當中設定了一些條件，例如 number1<5，如果條件滿足的話，那就會不斷地執行 while 循環當中的程式碼，例如：

```
print("bugger")
```

　　由於 number1<5 的條件是成立的，因此，程式碼 print("bugger") 會一直不斷地被執行下去，像這種情況，我們就稱為無限循環，意思就是說永遠也不會停下來的動作。

　　在某些情況之下，無限循環是不被允許的，因此，下一小節當中我們要來介紹一個可以讓無限循環停下的其中一個小方法。

5.3 讓無限循環停下來的一個小技巧

在講這個範例之前，先讓我們來看一下下面的程式碼：

這道程式碼的關鍵之處就在於程式碼的第二行，也就是：

```
number1=number1+1
```

這裡。這道程式碼對有學過數學的人來說一定會覺得非常奇怪，為什麼自己加 1 會等於自己？其實事情應該是這樣看的，那個 number1=3 會被丟進 number1+1 之中，情況如下圖所示：

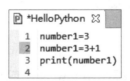

接著 3 和 1 它們會相加，結果 number1=4，情況如下圖所示：

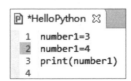

最後輸出 4，情況如下圖所示：

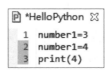

在程式語言的世界裡頭，只要牽扯到運算，通常都要從等號的右邊來開始讀起，然後讀到等號的左邊，除非有例外。

好了，既然我們已經學到上面的知識，現在，我們要來把上面的知識來跟前面的 while 循環結合在一起，請看下面的程式碼：

```
HelloPython
1   number1=3
2   while(number1<5):
3       print("bugger")
4       number1=number1+1
5
```

```
Console
<terminated> HelloPython.py [C:\U
bugger
bugger
```

讓我們來看一下這個過程，首先是第一次循環的狀況，目前是先進入判斷：

```
*HelloPython
1   number1=3
2   while(3<5):
3       print("bugger")
4       number1=number1+1
5
```

由於 while(3<5) 為真，所以這時候會輸出一次 bugger，接著就會運算：number1=number1+1，也就是：

```
*HelloPython
1   number1=3
2   while(3<5):
3       print("bugger")
4       number1=3+1
5
```

接著 3 和 1 會相加：

```
P *HelloPython ⌧
1   number1=3
2   while(3<5):
3       print("bugger")
4       number1=4
5
```

然後程式回到程式碼的第二行，開始進行第二次循環，跟前面一樣還是先進入判斷：

```
P *HelloPython ⌧
1   number1=3
2   while(4<5):
3       print("bugger")
4       number1=4
5
```

由於 while(4<5) 為真，所以這時候又會輸出一次 bugger，接著就會運算：number1=number1+1，也就是：

```
P *HelloPython ⌧
1   number1=3
2   while(4<5):
3       print("bugger")
4       number1=4+1
5
```

接著 4 和 1 會相加：

```
P *HelloPython ⌧
1   number1=3
2   while(4<5):
3       print("bugger")
4       number1=5
5
```

然後程式回到程式碼的第二行，開始進行第三次循環，跟前面一樣還是先進入判斷：

```
P *HelloPython ⌧
1   number1=3
2   while(5<5):
3       print("bugger")
4       number1=5
5
```

由於 while(5<5) 為假（因為 5 只能等於 5，5 不會小於 5）所以這時候就不會再輸出一次 bugger，此時 while 循環便會停止運行。

像 number1=number1+1 就是停止無限循環的一種技巧，建議各位可以多加善用。

5。4 break

在上一節當中，我們曾經介紹過了如何避免發生無限循環的小技巧，其實，其主要的精神就是要跳出無限循環的情況。跳出無限循環或者是提前跳出循環的話還有另外一種方法，這種方法就是本節所要講的 break，程式碼如下所示：

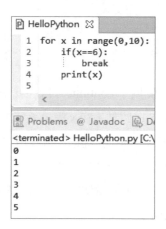

本來起始點從 0 開始，然後一直數、一直數，當數到 6 的時候，這時就會進入到 if(x==6) 的地方，而那地方的意思是說，只要數到 6，這時候就會執行 break 也就是讓循環發生結束。

英文單字加油站：

英文單字	中文翻譯
break	斷裂

5.5 continue

　　還有個語法叫做 continue，這個 continue 會幫我們跳過某個點，跳過後程式會繼續地執行下去，程式碼如下所示：

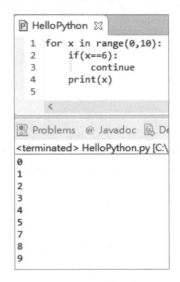

　　在程式碼當中，我們使用了 continue，目的就是要讓 for 循環執行到當 x 等於 6 的時候，當場跳過 6 這個點。在 x 等於 6 時，便會觸發了 continue，而此時程式就會回到 for 的位置，進而取得下一個數字 7。這道程式的重點在於，只要一觸發 continue，程式便會回到 for，此時代表下面的 print(x) 並沒有被執行到，也就是說程式並不會輸出 6 這個數字。而我們從上面的輸出當中可以看到，確實沒有輸出 6 這個數字。

　　英文單字加油站：

英文單字	中文翻譯
continue	連續

自己設計完全屬於
自己的工具

6-1 工具的簡介

我相信，當我講到工具這玩意兒的時候各位一定都不陌生，工具本身不但可以被我們給拿來用，或者是借給別人使用，甚至還可以被大家給重複使用。在前面，我們曾經就寫了這一道程式碼：

```
print("bugger")
```

在這一道程式碼當中，「bugger」這個英文單字是由「print」所顯示出來的，如果只有「bugger」這個英文單字的話，你是無法印出「bugger」這個英文單字出來的，情況如下所示：

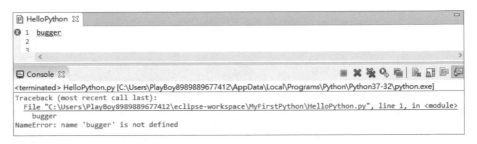

也就是說，「bugger」這個英文單字必須得透過「print」也就是本章所要講的「工具」來顯示出來，因此，工具這個東西非常地重要，只要你用得好，工具就會讓你上天堂，要是你用不好，工具就會讓你想抓狂。

其實，我們的 Python 已經替我們設計了許許多多各式各樣各種好用的好工具，而「print」也只是其中的一個而已。不過在這裡，我們要討論的內容並不是 Python 所提供給我們的工具，而是我們自己要來設計完完全全屬於我們自己的工具，而這些工具不但是你可以用，你也可以很佛心地借給別人用，酷吧！

好了！事情講了那麼多，光講沒有實例是沒有用的，首先，就讓我們先來看個例子，也許當各位在看完這個例子之後就能夠體會到工具到底是幹什麼用的。

有一天，我那室友跟我一起去逛夜市，那時候我們倆都瞄到了一台非常有意思的機器，於是就跟老闆間有了這樣子的對話。

室友：老闆，這是什麼玩意兒？

老闆：留言機。

室友：這玩意兒能幹嘛？

老闆：它可以幫你留言，只要有人一用它的時候，它就會幫你把你事先所預設的話給說出來。

秋聲：真這麼神奇？（其實心裡頭也沒覺得那麼神奇啦）

老闆：當然，你試試，童叟無欺不然你自己玩玩看。

於是，老闆就幫我們把機器調過來用，果然，機器立馬出現了：

How are you today

這句話。

現在，我們要用 Python 來做出個工具，以模擬這個機器的功能，一樣也可以對我們說：

How are you today

這句話，請看下面的程式碼：

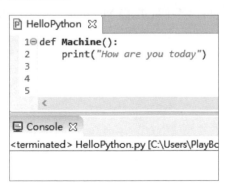

我們來解釋一下上面程式碼的第 1~2 行：

程式碼	解說
def Machine():	表示「工具」的名字是「Machine」，其中，「def」的意思是說工具 Machine 是自己設計的，而不是 Python 提供給我們的。
print("How are you today")	表示工具 Machine 的功能就只是輸出「How are you today」這句話而已

好了，雖然我們已經把工具給設計出來了，但是最後的結果怎麼卻是沒有結果呢？那是因為，雖然我們已經設計好了工具 Machine，但卻沒有把它給調來用，所以它當然只會被擺放在程式碼的第 1~2 行當花瓶看看而已，當然不會有作用呀！你說對吧！

所以這時候只要調用工具 Machine 之後，如下面的程式碼第 4 行：

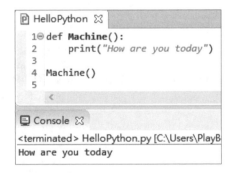

最後，我們就可以看到我們的工具 Machine 已經替我們把這一句話：

How are you today

給顯示出來囉。

英文單字加油站：

英文單字	中文翻譯
machine	機器或機械

6.2 自由放入東西的工具

在前一小節當中，我們只把工具給設定成輸出一句話而已，而那句話是一句被寫死的話，如果我想要讓工具輸出像三字經這樣子的傳統經典，那前一小節的工具肯定是沒得玩了，各位說對嗎？

因此，在這一小節當中，我們要來把工具給設計得更彈性一點，讓它可以輸出成我們想要的一串文字，那我們要怎麼做呢？首先，讓我們來回顧一下上一小節我們對於工具 Machine 的設計方法：

自己設計的工具 Machine():

輸出（"How are you today"）

調用工具 Machine()

以上是上一小節我們對於工具的設計方法，而現在我們可以這樣想：

自己設計的工具 Machine(你想放的一串文字):

輸出 (你想放的一串文字)

調用工具 Machine("")

所以只要我們在「你想放的一串文字」裡頭寫上我們想要的一串文字，那輸出的部分就是這串文字了，例如說，把「I love Money」給丟進「你想放的一串文字」裡頭去，那這時候程式的運行就會變成以下的這幾個步驟：

第一步 先寫好程式：

自己設計的工具 Machine(你想放的一串文字):

輸出 (你想放的一串文字)

調用工具 Machine("")

第二步 把一串文字 I love Money 給丟進調用工具 Machine 裡頭去：

自己設計的工具 Machine(你想放的一串文字):

輸出 (你想放的一串文字)

調用工具 Machine（"I love Money"）

第三步 把一串文字 I love Money 給丟進自己設計的工具 Machine 裡頭去：

自己設計的工具 Machine(I love Money)：
輸出 (你想放的一串文字)
調用工具 Machine（"I love Money"）

第四步 把一串文字 I love Money 給丟進自己設計的工具 Machine 當中的輸出裡頭去：

自己設計的工具 Machine(I love Money)：
輸出 (I love Money)
調用工具 Machine（"I love Money"）

最後，就會輸出這一句話：

```
I love Money
```

讓我們來寫一次程式，寫完之後你就知道我在寫些什麼東西了，請看下面的程式碼：

```
P HelloPython ⌧
1⊖ def Machine(words):
2      print(words)
3
4  Machine("I Love Money")
5
```

```
Console ⌧
<terminated> HelloPython.py [C:\Use
I love Money
```

程式碼的執行過程如下所示：

第一步 先寫好程式：

```
P *HelloPython ⌧
1⊖ def Machine(words):
2      print(words)
3
4  Machine("")
5
```

第二步 把一串文字 I love Money 給丟進調用工具 Machine 裡頭去：

```
P HelloPython ⌧
1⊖ def Machine(words):
2      print(words)
3
4  Machine("I Love Money")
5
```

第三步 把一串文字 I love Money 給丟進
自己設計的工具 Machine 裡頭去：

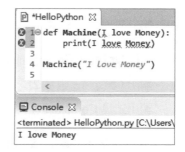

第四步 把一串文字 I love Money 給丟進
自己設計的工具 Machine 當中的輸出裡頭去：

最後，就會輸出一句話：

```
I love Money
```

PS：以上把一串文字 I love Money 給丟進自己設計的工具 Machine 裡頭去
只是個範例解說而已，在真實的程式寫作中，你可不能真的把一串文字 I
love Money 給丟進自己設計的工具 Machine 裡頭去，那可是會出錯的。

英文單字加油站：

英文單字	中文翻譯
Money	錢

6.3 設計一個加法計算機

在前面，我們已經設計過了輸出一段文字的技巧，現在，我們要來設計的
是計算機，一個簡單的兩數加法計算機，看我們怎麼做：

自己設計的工具 Computer (數字 1 , 數字 2):

輸出 (數字 1+ 數字 2)

調用工具 Computer ()

119

　　所以只要我們分別在「數字 1」以及「數字 2」裡頭寫上我們想要相加的數字，那輸出的部分就是這兩個數字的相加結果了，例如說，把「3」給丟進「數字 1」裡頭去，把「5」給丟進「數字 2」裡頭去，那這時候程式的運行就會變成以下的這幾個步驟：

第一步 先寫好程式：

自己設計的工具 Computer (數字 1 , 數字 2):
輸出 (數字 1+ 數字 2)
調用工具 Computer ()

第二步 把「3」和「5」給丟進調用工具 Computer 裡頭去：

自己設計的工具 Computer (數字 1 , 數字 2):
輸出 (數字 1+ 數字 2)
調用工具 Computer (3,5)

第三步 把「3」和「5」給丟進自己設計的工具 Computer 裡頭去：

自己設計的工具 Computer (3 , 5):
輸出 (數字 1+ 數字 2)
調用工具 Computer (3,5)

第四步 把「3」和「5」給丟進自己設計的工具 Computer 當中的輸出裡頭去：

自己設計的工具 Computer (3 , 5):
輸出 (3+5)
調用工具 Computer (3,5)

第五步 把輸出裡頭的「3」和「5」給相加起來：

自己設計的工具 Computer (3 , 5):
輸出 (8)

調用工具 Computer (3,5)

最後，就會輸出 8 這個數字。

讓我們實際地來看看程式碼以及程式碼的執行結果：

```
P HelloPython ⌗
1⊖ def Computer(number1,number2):
2       print(number1+number2)
3
4   Computer(3,5)
5
  ‹
```
```
💻 Console ⌗
<terminated> HelloPython.py [C:\Users\PlayB
8
```

而過程則是如下所示：第一步 先寫好程式：

```
P *HelloPython ⌗
1⊖ def Computer(number1,number2):
2       print(number1+number2)
3
4   Computer()
5
```

第二步 把「3」和「5」給丟進調用工具 Computer 裡頭去：

```
P *HelloPython ⌗
1⊖ def Computer(number1,number2):
2       print(number1+number2)
3
4   Computer(3,5)
5
```

第三步 把「3」和「5」給丟進自己設計的工具 Computer 裡頭去：

```
P *HelloPython ⌗
⊗ 1⊖ def Computer(3,5):
⊗ 2       print(number1+number2)
3
4   Computer(3,5)
5
```

第四步 把「3」和「5」給丟進自己設計的工具 Computer 當中的輸出裡頭去：

```
P *HelloPython ⊠
⊗ 1⊖ def Computer(3,5):
   2      print(3+5)
   3
   4  Computer(3,5)
   5
```

第五步 把輸出裡頭的「3」和「5」給相加起來：

```
P *HelloPython ⊠
⊗ 1⊖ def Computer(3,5):
   2      print(8)
   3
   4  Computer(3,5)
   5
```

最後，就會輸出 8 這個數字。

英文單字加油站：

英文單字	中文翻譯
Computer	電腦或計算機

6.4 把計算結果給丟回計算機裡頭去

在前面，我們把數字 3 和數字 5 給分別地丟進計算機 Computer 裡頭去，並且請計算機 Computer 來幫我們對 3 和 5 來做加法計算，計算完之後並顯示出其計算結果也就是我們的 8。不過在本節當中，我們要來講講另外一種情況，那就是當我們把數字 3 和數字 5 給分別地丟進計算機 Computer 裡頭去，並且把 3 和 5 的計算結果 8 給計算出來之後，這個數字 8 會被丟回進計算機 Computer 當中，程式碼如下所示：

```
ⓟ HelloPython ⊠
 1⊝ def Computer(number1,number2):
 2      return number1+number2
 3
 4  Computer(3,5)
 5
    <

🖥 Console ⊠
<terminated> HelloPython.py [C:\Users\PlayB
```

各位也許會對結果感到很好奇，為什麼沒有把數字 8 給顯示出來？答案是因為我們只把數字 8 給丟回進計算機 Computer 裡頭去，但並沒有把它給顯示出來，因此，我們要做的工作就是把計算結果給顯示出來，程式碼如下所示：

```
ⓟ HelloPython ⊠
 1⊝ def Computer(number1,number2):
 2      return number1+number2
 3
 4  print(Computer(3,5))
 5

🖥 Console ⊠
<terminated> HelloPython.py [C:\Users\PlayB
8
```

也許你對我上面所說的話還不是很了解，沒關係，讓我們來看看下圖之後你就知道了：

```
ⓟ *HelloPython ⊠
 1  def Computer(number1,number2):
 2      return 8
 3
 4  print(Computer(3,5))
 5
```

上圖主要是說明，當我們把數字 3 和數字 5 給分別地丟進計算機 Computer 裡頭去，並且把數字 3 和數字 5 的計算結果數字 8 給計算了出來之後，這個數字 8 會被丟回進計算機 Computer 當中，應該說：

把數字 8 給丟回進 Computer(3,5)，所以這時候 Computer(3,5)=8，因此，第四行的程式碼就是：

```
print(Computer(3,5))
print(8)
```

所以最後數字 8 也就這樣子地被顯示出來囉！

工具內部的特殊設計 - 不定參數個數

在前面，我們雖然說已經設計出了工具，然
後也在工具裡頭放進了我想要放的東東進去，例
如說一串文字或者是幾個數字，但是不知道各位
有沒有發現到一件事情，那就是把這些東東給放
進工具裡頭的數目都一定是固定不變的，嗯，這
看起來確實是有點死板，像我就覺得如果能在工
具裡頭放入我所需要的東東的話，那我所設計出
來的工具在使用起來上一定會更靈活、更方便，
大家說對嗎？沒錯，就是這樣，至於設計的方法
請看下面的程式碼：

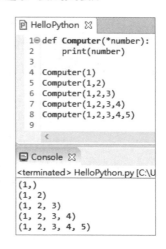

像這樣，就是在工具裡頭加上一個「*」號之後就搞定了。

專有名詞對照表

本書範例	專有名詞
工具 Machine	函數（從第十一章開始被稱為方法）
words	參數
I love Money	引數

以上的對照可以參考 6.2 節。

連續排列且可變化
的 戰利品

7.1 日本之旅的戰利品

事情是這樣子的，有一天早上，我跑去我室友的房間一看，結果…

秋聲：唉唷！怎麼這麼多片片啦！

室友：不爽逆！

秋聲：對！就是不爽，因為這麼多也沒分給我，你真他媽小氣。

室友：為什麼要分給你？

秋聲：喔！因為我每個月給你房租，所以你總得回饋一下你的房客吧！（準備伸手）

室友：喂！你那雙噁心的鹹豬手在幹嘛？

秋聲：當然是摸摸它們囉！你瞧，這上面還都有餘溫耶！

室友：看！噁心死了，趕快拿開你那雙噁心的手。

秋聲：我看你這麼多戰利品，為啥不排好？至少照順序存到 D 槽裡頭去，萬一這些片片萎了的話你也才有備份（存雲端資料庫更好，各位讀者們說對吧）。

室友：不錯嘛！看來我養你還算有用，你偶爾也有用處的時候。但問題是戰利品太多了，那我該怎麼放？

秋聲：很簡單，你就照順序一個一個地來放，這樣不就好囉？

就這樣，我們倆用了一上午的時間在整理片片，也就是說，把我們的戰利品給排好，情況如下所示：

戰利品 = ["麗奈" , "由紀" , "舞" , "亞亞" , "圓" , "雛乃" , "空"]

若是把上面的中文給寫成英文的話則是這樣：

Capture=["Rena","Yukie","Mai","Yaya","Madoka","Hinano","Sora"]

接下室友說，我要把戰利品給做個編號，並且從 0 號來開始編起。

秋聲：什麼鬼？你不從 1 號開始從 0 號來開始幹嘛？

室友：我爽啊！怎樣，不爽咬我！

秋聲：咬就咬，他媽的。

就這樣，我們不但花了一上午的時間把戰利品給照順序地排好，而且還分別給它們上了編號，情況如下所示：

戰利品編號	名字
0	麗奈（Rena）
1	由紀（Yukie）
2	舞（Mai）
3	亞亞（Yaya）
4	圓（Madoka）
5	雛乃（Hinano）
6	空（Sora）

室友：如果今天晚上我打算要臨幸圓（Madoka）的話，那我就跟你說：

戰利品 [4]

這樣，你就幫我把圓（Madoka）的片片給調出來。

就這樣，我們的故事在此先告一段落，從下一節開始，我們要用 Python 來實現本節的內容。

PS：上面的編號我們是對戰利品 Capture：

```
Capture=["Rena","Yukie","Mai","Yaya","Madoka","Hinano","Sora"]
```

從左邊的 Rena 開始來讀到右邊 Sora 的結果，如果你是從右邊的 Sora 讀到左邊的 Rena 的話，那編號又會不一樣囉，請看下表：

戰利品編號	名字
-7	麗奈（Rena）
-6	由紀（Yukie）
-5	舞（Mai）
-4	亞亞（Yaya）
-3	圓（Madoka）
-2	雛乃（Hinano）
-1	空（Sora）

從左讀到右，會從 0 開始編起，反之如果是從右讀到左，那就會是從 -1 來開始編起。

7.2 實現程式

根據上一節所說的：

戰利品 =［"麗奈"，"由紀"，"舞"，"亞亞"，"圓"，"雛乃"，"空"］

若是把上面的中文給寫成英文的話則是這樣：

```
Capture=["Rena","Yukie","Mai","Yaya","Madoka","Hinano","Sora"]
```

用 Python 來寫的話也是一樣：

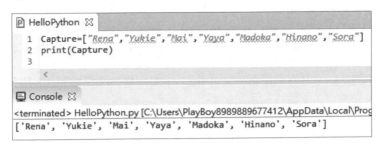

所以 Python 並不難，對吧？

如果室友今天晚上打算要臨幸圓（Madoka）的話，那我就用：

戰利品 [4]

來表示，為什麼？請各位回顧一下戰利品編號所對應到的名字：

戰利品編號	名字
0	麗奈（Rena）
1	由紀（Yukie）
2	舞（Mai）
3	亞亞（Yaya）
4	圓（Madoka）
5	雛乃（Hinano）
6	空（Sora）

理由就很容易明白了，讓我們來看看下面的程式碼：

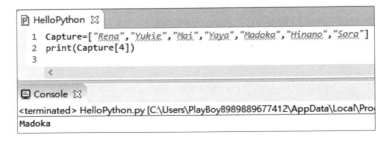

好了，關於本節的介紹我們就先到這裡為止，後面我們還會看到更多的應用。最後，我要說一下：

```
Capture=["Rena","Yukie","Mai","Yaya","Madoka","Hinano","Sora"]
```

當中的「[ ]」其專業術語英文為 list，中文則是翻譯成串列，而串列的好處就是可以讓你把東西給連續地放進去，就像上面的片片一樣。

7.3 串列的靈活運算 1- 取出某範圍內的片片 - 簡單取法

1990 年代是個令人懷念的時期，怎麼說？那時候我正讀高中，而有的同學會把當時所流行的片片帶來學校讓班上的同學們來分享，可是時間久了之後，新的片片就再也沒有人帶來了，理由很簡單，因為這些片片在經過四處流傳之後，最後的下場便會不知所蹤，問是誰幹走的，誰也不肯承認。

好吧！我承認那些片片當中的女主角就跟前一節裡頭的名字一模一樣，只是現在我想要用幾種方式來取出它們，首先是…..

1. 用個括弧 [ ]，並且在括弧 [ ] 內加上「:」以及在「:」的左邊寫個數字：

```
P HelloPython ⊠
1 Capture=["Rena","Yukie","Mai","Yaya","Madoka","Hinano","Sora"]
2 print(Capture[2:])
3
<

Console ⊠
<terminated> HelloPython.py [C:\Users\PlayBoy8989889677412\AppData\Local\Pro
['Mai', 'Yaya', 'Madoka', 'Hinano', 'Sora']
```

在程式當中：

```
Capture[2:]
```

的意思就是說從編號（或從索引）2 號的地方當成起點來取出戰利品之內的所有片片：

['Mai', 'Yaya', 'Madoka', 'Hinano', 'Sora']

2. 用個括弧 [ ]，並且在括弧 [ ] 內加上「:」以及在「:」的右邊寫個數字：

```
HelloPython ⊠
  1 Capture=["Rena","Yukie","Mai","Yaya","Madoka","Hinano","Sora"]
  2 print(Capture[:3])
  3
    ‹

Console ⊠
<terminated> HelloPython.py [C:\Users\PlayBoy8989889677412\AppData\Local\Prog
['Rena', 'Yukie', 'Mai']
```

在程式當中：

Capture[:3]

的意思就是說從編號 3 號的地方來當成結束點但不包括編號第 3 號的片片來取出戰利品之內的所有片片：

['Rena', 'Yukie', 'Mai']

3. 用個括弧 [ ]，並且在括弧 [ ] 內加上「:」以及在「:」的左右兩邊分別來寫個數字：

```
HelloPython ⊠
  1 Capture=["Rena","Yukie","Mai","Yaya","Madoka","Hinano","Sora"]
  2 print(Capture[2:5])
  3
    ‹

Console ⊠
<terminated> HelloPython.py [C:\Users\PlayBoy8989889677412\AppData\Local\Prog
['Mai', 'Yaya', 'Madoka']
```

在程式當中：

Capture[2:5]

的意思就是說從編號 2 號的地方當成起點，而把編號 5 號的地方來當成結束點但不包括編號第 5 號的片片來取出戰利品之內的所有片片：

```
['Mai', 'Yaya', 'Madoka']
```

4. 用個括弧 [ ]，並且在括弧 [ ] 內加上「:」以及在「:」的左邊寫個數字，但數字卻是負號：

在講這個範例之前各位還記得我們在前面所講過的讀法嗎？那時候我在 7.1 小節當中的 PS 裡頭寫了下面的這段話：

上面的編號我們是對戰利品 Capture：

```
Capture=["Rena","Yukie","Mai","Yaya","Madoka","Hinano","Sora"]
```

從左邊的 Rena 開始來讀到右邊 Sora 的結果，如果你是從右邊的 Sora 讀到左邊的 Rena 的話，那編號又會不一樣囉，請看下表：

戰利品編號	名字
-7	麗奈（Rena）
-6	由紀（Yukie）
-5	舞（Mai）
-4	亞亞（Yaya）
-3	圓（Madoka）
-2	雛乃（Hinano）
-1	空（Sora）

從左讀到右，會從 0 開始編起，反之如果是從右讀到左，那就會是從 -1 來開始編起，因此 -1 代表「倒數第一個」，而 -2 自然就是「倒數第二個」的意思了。

而我們的這個範例，由於是負號，所以是從右讀到左，因此最開始的編號要從編號 -1 的空（Sora）來開始看：

```
P HelloPython ☒
1  Capture=["Rena","Yukie","Mai","Yaya","Madoka","Hinano","Sora"]
2  print(Capture[-2:])
3
      <
```

```
□ Console ☒
<terminated> HelloPython.py [C:\Users\PlayBoy8989889677412\AppData\Local\Prog
['Hinano', 'Sora']
```

在程式當中：

Capture[-2:]

的意思就是說從編號 -2 號的地方當成起點，來取出戰利品之內的所有片

片：

['Hinano', 'Sora']

5. 用個括弧 [ ]，並且在括弧 [ ] 內加上「:」以及在「:」的右邊寫個數字，但
數字卻是負號：

```
P HelloPython ☒
1  Capture=["Rena","Yukie","Mai","Yaya","Madoka","Hinano","Sora"]
2  print(Capture[:-4])
3
      <
```

```
□ Console ☒
<terminated> HelloPython.py [C:\Users\PlayBoy8989889677412\AppData\Local\Prog
['Rena', 'Yukie', 'Mai']
```

在程式當中：

Capture[:-4]

的意思就是說從編號 -4 號的地方當成結束點，來取出戰利品之內的所有片

片：

['Rena', 'Yukie', 'Mai']

6. 用個括弧 [ ]，並且在括弧 [ ] 內加上「:」以及在「:」的左右兩邊分別來寫一個數字，但數字卻都是負號：

```
P HelloPython ☒
1 Capture=["Rena","Yukie","Mai","Yaya","Madoka","Hinano","Sora"]
2 print(Capture[-5:-2])
3
  <

💻 Console ☒
<terminated> HelloPython.py [C:\Users\PlayBoy8989889677412\AppData\Local\Prog
['Mai', 'Yaya', 'Madoka']
```

在程式當中：

```
Capture[-5:-2]
```

的意思就是說從編號 -5 號的地方當成起點，把編號 -2 號的地方來當成結束點但不包括編號第 -2 號的片片來取出戰利品之內的所有片片：

```
['Mai', 'Yaya', 'Madoka']
```

7. 出現空結果的狀況：

不過要小心，如果在取編號的時候出現不合理的情況，則程式的最後結果可是會讓你出現「[ ]」

```
P HelloPython ☒
1 Capture=["Rena","Yukie","Mai","Yaya","Madoka","Hinano","Sora"]
2 print(Capture[-2:-5])
3
  <

💻 Console ☒
<terminated> HelloPython.py [C:\Users\PlayBoy8989889677412\AppData\Local\Prog
[]
```

在程式當中：

```
Capture[-2:-5]
```

的意思就是說從編號 -2 號的地方當成起點，把編號 -5 號的地方來當成結束點但不包括編號第 -5 號的片片來取出戰利品之內的所有片片，但由於這之間並沒有交集，所以就不會有結果。

8. 不寫任何數字之時的情況：

```
P HelloPython ⊠
  1 Capture=["Rena","Yukie","Mai","Yaya","Madoka","Hinano","Sora"]
  2 print(Capture[:])
  3
    <

▣ Console ⊠
<terminated> HelloPython.py [C:\Users\PlayBoy8989889677412\AppData\Local\Pro
['Rena', 'Yukie', 'Mai', 'Yaya', 'Madoka', 'Hinano', 'Sora']
```

最後，如果在左右兩方都不寫上數字的話，則程式會把戰利品當中的所有片片給取出來。

7.4 串列的靈活運算 2- 取出某範圍內的片片 - 跳躍取法

在開始本節之前，讓我們把我們的戰利品給放進三位特別來賓，她們的名字分別是：楓（Kaede）、瑪麗亞（Maria）以及尤莉亞（Yuria）。因此，我們對於片片的排列就會變成這樣：

```
Capture=["Rena","Yukie","Mai","Yaya","Madoka","Hinano","Sora","Kaede","Maria","Yuria"]
```

至於編號的話則是：

戰利品編號	名字
0	麗奈（Rena）
1	由紀（Yukie）
2	舞（Mai）
3	亞亞（Yaya）
4	圓（Madoka）
5	雛乃（Hinano）
6	空（Sora）
7	楓（Kaede）
8	瑪麗亞（Maria）
9	尤莉亞（Yuria）

以及：

戰利品編號	名字
-10	麗奈（Rena）
-9	由紀（Yukie）
-8	舞（Mai）
-7	亞亞（Yaya）
-6	圓（Madoka）
-5	雛乃（Hinano）
-4	空（Sora）
-3	楓（Kaede）
-2	瑪麗亞（Maria）
-1	尤莉亞（Yuria）

為什麼我們要這麼做？主要是因為這跟我們本節所要講的跳步有關。跳步這玩意兒就像我們小時候玩的跳房子那樣，玩家用粉筆在地上連續地畫上一整排的格子，例如 9 個或 10 個，之後你就可以選擇你是要 1 次跳 1 個格子呢，還是 2 個，甚至是 3 個的話那也可以，只要你腿夠長的話。由於跳步這種玩法 1 次都會跳過幾個格子，所以為了明顯地顯示結果，因此才加入了 3 部片片。

　　好了，現在，就讓我們來看第 1 個情況吧！

1. 跳步的情況 1

```
P HelloPython ⊠
1  Capture=["Rena","Yukie","Mai","Yaya","Madoka","Hinano","Sora","Kaede","Maria","Yuria"]
2  print(Capture[1:9:2])
3
```

```
Console ⊠
<terminated> HelloPython.py [C:\Users\PlayBoy8989889677412\AppData\Local\Programs\Python\Python37-32\py
['Yukie', 'Yaya', 'Hinano', 'Kaede']
```

　　在程式：

```
Capture[1:9:2
```

　　當中，Capture[1:9:2] 的意思是說，從戰利品編號 1 號的地方當成起始點，而以編號 9 號的地方當成結束點，並且一次跳過 2 個編號（就好像跳房子那樣，一次跳 2 個格子）來取出片片，因此也就有了我們以下的結果囉：

```
['Yukie', 'Yaya', 'Hinano', 'Kaede']
```

2. 跳步的情況 2

```
P HelloPython ⊠
1  Capture=["Rena","Yukie","Mai","Yaya","Madoka","Hinano","Sora","Kaede","Maria","Yuria"]
2  print(Capture[::3])
3
```

```
Console ⊠
<terminated> HelloPython.py [C:\Users\PlayBoy8989889677412\AppData\Local\Programs\Python\Python37-32\py
['Rena', 'Yaya', 'Sora', 'Yuria']
```

在程式：

```
Capture[::3]
```

當中，Capture[::3] 的意思是說，把戰利品最開端的地方給當成起始點，而以戰利品最後的地方給當成結束點，並且一次跳過 3 個編號來取出片片，因此也就有了我們以下的結果囉：

```
['Rena', 'Yaya', 'Sora', 'Yuria']
```

3. 跳步的情況 3

```
P HelloPython ⊠
 1 Capture=["Rena","Yukie","Mai","Yaya","Madoka","Hinano","Sora","Kaede","Maria","Yuria"]
 2 print(Capture[::-2])
 3
```

```
■ Console ⊠                                         ■ ✕ ✖ ⚙ ▤
<terminated> HelloPython.py [C:\Users\PlayBoy8989889677412\AppData\Local\Programs\Python\Python37-32\py
['Yuria', 'Kaede', 'Hinano', 'Yaya', 'Yukie']
```

在程式：

```
Capture[::-2]
```

當中，Capture[::-2] 的意思是說，把戰利品最後的地方給當成起始點，而以戰利品最開端的地方給當成結束點，並且一次跳過 2 個編號來取出片片，因此也就有了我們以下的結果囉：

```
['Yuria', 'Kaede', 'Hinano', 'Yaya', 'Yukie']
```

4. 跳步的情況 4

```
P HelloPython ⊠
 1 Capture=["Rena","Yukie","Mai","Yaya","Madoka","Hinano","Sora","Kaede","Maria","Yuria"]
 2 print(Capture[-2:-9:-3])
 3
```

```
■ Console ⊠                                         ■ ✕ ✖ ⚙ ▤
<terminated> HelloPython.py [C:\Users\PlayBoy8989889677412\AppData\Local\Programs\Python\Python37-32\py
['Maria', 'Hinano', 'Mai']
```

在程式：

```
Capture[-2:-9:-3]
```

當中，Capture[-2:-9:-3] 的意思是說，從戰利品編號 -2 號的地方當成起始點，而以編號 -9 號的地方當成結束點，並且一次跳過 3 個編號來取出片片，因此也就有了我們以下的結果囉：

```
['Maria', 'Hinano', 'Mai']
```

5. 跳步的情況 5

最後，我們要來講一個跳 0 格的範例來結束本節，由於跳 0 格是不被允許的，因此，程式一定會出錯，程式碼如下所示：

7.5 串列的靈活運算 3- 使用工具來把玩片片

前面，我們已經介紹過了一下我們對於戰利品的玩法，但說個實話，那些玩法還是相當有限，怎麼說？打個比方，像我想要在我的戰利品當中再增加個女優的話，那這要怎麼做呢？

各位還記得我們在前面所介紹過的工具吧？它可以幫我們處理很多事情，當然也可以處理咱們心愛的片片，像本節所要講的這些就是，首先，讓我們先來看看第一個例子。

1. 新增一部女優的作品

現在，先讓我們用中文來想事情，想想看怎樣對戰利品來增加一部新的片片呢？思路如下所示：

在戰利品當中來添加一部女優的片片，而這女優的名字叫做 Juri

也可以寫成這樣：

戰利品 調用 添加的功能（"Juri"）

或者是：

戰利品 . 添加（"Juri"）

其中，符號「.」的意思就是指「調用」，調用「添加」這個功能來幫我們把新女優 Juri 的名字給放進我們的戰利品裡頭去。

讓我們把上面的話給寫成英文，則內容就是會變成這樣：

```
Capture.append("Juri")
```

其中，英文單字 append 的意思就是指添加，至於添加什麼呢？答案就是括弧之內的名字 Juri。讓我們來看看這道程式碼要怎麼寫：

```
HelloPython
1  Capture=["Rena","Yukie","Mai","Yaya","Madoka","Hinano","Sora","Kaede","Maria","Yuria"]
2  Capture.append("Juri")
3  print(Capture)
4
```

```
Console
<terminated> HelloPython.py [C:\Users\PlayBoy8989889677412\AppData\Local\Programs\Python\Python37-32\python.exe]
['Rena', 'Yukie', 'Mai', 'Yaya', 'Madoka', 'Hinano', 'Sora', 'Kaede', 'Maria', 'Yuria', 'Juri']
```

現在，我們已經在原有的那 10 個戰利品：

```
["Rena","Yukie","Mai","Yaya","Madoka","Hinano","Sora","Kaede","Maria","Yuria"]
```

之內加上了一位新女優 Juri 的作品：

```
['Rena', 'Yukie', 'Mai', 'Yaya', 'Madoka', 'Hinano', 'Sora',
'Kaede', 'Maria', 'Yuria', 'Juri']
```

補充知識點：

在前面，我們都是以人名來當範例，也許你會問，那普通的數字也可以被把玩把玩嗎？當然可以囉，請看下面的程式碼：

```
P HelloPython ✕
 1  Number1=[1,1,1,5,4,9,8,7,3,10,65,45]
 2  print(Number1)
 3
    <

🖥 Console ✕
<terminated> HelloPython.py [C:\Users\PlayBoy8989
[1, 1, 1, 5, 4, 9, 8, 7, 3, 10, 65, 45]
```

當然也可以像本節這樣新增一個數字：

```
P HelloPython ✕
 1  Number1=[1,1,1,5,4,9,8,7,3,10,65,45]
 2  Number1.append(100)
 3  print(Number1)
 4
    <

🖥 Console ✕
<terminated> HelloPython.py [C:\Users\PlayBoy8989888896
[1, 1, 1, 5, 4, 9, 8, 7, 3, 10, 65, 45, 100]
```

2. 數數女優的作品數

我知道有的人特別喜歡某些女優，而且只要這些女優一有動向，之後就會開始拼命地追，當然，也包含她本人的最新作品，所以，在戰利品當中特別蒐集幾部她個人的片片這也是正常的事情，例如說像下面的這道程式碼：

```
P HelloPython ✕
 1  Capture=["Rena","Yukie","Maria","Maria","Madoka","Hinano","Maria","Kaede","Maria","Yuria"]
 2  print(Capture.count("Maria"))
 3
    <

🖥 Console ✕                                    ■ ✕ ⚙ 🔍 📋 | 📄 🗐
<terminated> HelloPython.py [C:\Users\PlayBoy8989889677412\AppData\Local\Programs\Python\Python37-32\python.exe]
4
```

程式的意義很簡單，其中：

```
count("Maria")
```

的意思就是指統計出女優 Maria 在戰利品當中所出現的次數，由於 Maria 在戰利品當中有 4 部作品，因此，統計出來的結果就會是 4。

3. 擴展戰利品

說到這個，就不禁勾起大家的貪心，假設說我現在有戰利品，而我室友那也有戰利品，如果說能夠把他的那份戰利品給納進我這兒來的話，咳咳，這樣子我的夜生活應該就會更精采。

上面的話以中文來說的話就是這樣

我的戰利品當中有："Rena","Mai","Yaya","Hinano","Sora","Yuria" 等人的作品
室友的戰利品當中有："Yukie","Madoka","Kaede","Maria" 等人的作品
把我的戰利品給延伸出去，而延伸出去的部分就用室友的戰利品

或者是：

我的戰利品 =["Rena","Mai","Yaya","Hinano","Sora","Yuria"]
室友的戰利品 =["Yukie","Madoka","Kaede","Maria"]
我的戰利品 . 延伸 (室友的戰利品)

把上面的話給寫成英文的話則是：

```
Capturef_of_my=["Rena","Mai","Yaya","Hinano","Sora","Yuria"]
Capturef_of_myroommate=["Yukie","Madoka","Kaede","Maria"]
Capturef_of_my.extend(Capturef_of_myroommate)
```

其中，符號「.」的意思也是指「調用」，至於是調用什麼呢？就是調用「extend」（中文翻譯為延伸）這個功能來幫我把我的戰利品給延伸出去，程式碼如下所示：

```
P HelloPython ⊠
1  Capturef_of_my=["Rena","Mai","Yaya","Hinano","Sora","Yuria"]
2  Capturef_of_myroommate=["Yukie","Madoka","Kaede","Maria"]
3  Capturef_of_my.extend(Capturef_of_myroommate)
4  print(Capturef_of_my)
5
   <

■ ✖ ✖ ✖ ✖ ✖ | ✖ ✖
🖳 Console ⊠
<terminated> HelloPython.py [C:\Users\PlayBoy8989889677412\AppData\Local\Programs\Python\Python37-32\python.exe]
['Rena', 'Mai', 'Yaya', 'Hinano', 'Sora', 'Yuria', 'Yukie', 'Madoka', 'Kaede', 'Maria']
```

在上面的程式裡頭，最關鍵的地方只有一個，那就是：

Capturef_of_my.extend(Capturef_of_myroommate)

表示把我的戰利品給延伸出去，而延伸出去的部分就用室友的戰利品啦！

4. 統計戰利品當中的總數

現在，我已經把我室友的戰利品給從他那邊幹了過來，而我想要做的事情就是我想要統計一下，現在我手上總共有多少部片片的話那應該要怎麼做？很簡單，請看下面的程式碼：

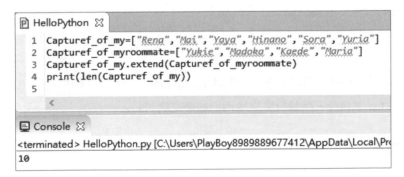

```
P HelloPython ⊠
1  Capturef_of_my=["Rena","Mai","Yaya","Hinano","Sora","Yuria"]
2  Capturef_of_myroommate=["Yukie","Madoka","Kaede","Maria"]
3  Capturef_of_my.extend(Capturef_of_myroommate)
4  print(len(Capturef_of_my))
5
   <

🖳 Console ⊠
<terminated> HelloPython.py [C:\Users\PlayBoy8989889677412\AppData\Local\Pro
10
```

在程式中：

len(Capturef_of_my)

的意思就是把戰利品的數量給顯示出來。

關於 len 還有另外一種玩法，那就是透過 len 來把我的戰利品以及室友的戰利品給串起來，程式碼如下所示：

```
HelloPython ⊠
1  Capturef_of_my=["Rena","Mai","Yaya","Hinano","Sora","Yuria"]
2  Capturef_of_myroommate=["Yukie","Madoka","Kaede","Maria"]
3  Capturef_of_my[len(Capturef_of_my):]=Capturef_of_myroommate
4  print(Capturef_of_my)
5
```

```
Console ⊠
<terminated> HelloPython.py [C:\Users\PlayBoy8989889677412\AppData\Local\Programs\Python\Python37-32\python.exe]
['Rena', 'Mai', 'Yaya', 'Hinano', 'Sora', 'Yuria', 'Yukie', 'Madoka', 'Kaede', 'Maria']
```

5. 把女優的名字給做成串列

接下來，我們要把女優的名字給做成串列，請看下面的程式碼：

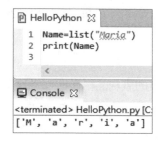

在程式中，關鍵的地方只有一個：

```
Name=list("Maria")
```

意思就是說把等號右邊的女優 Maria 給做成串列，做成串列後的這件事情則是由 list 來執行，而執行完之後再把結果交給 Name。

6. 找出最大值

這裡，我們要來示範找出一排數字當中的最大值，所以不再以女優的名字為範例，請看下面的程式碼：

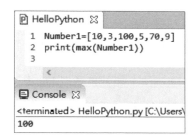

在程式中，關鍵的地方只有一個：

```
max(Number1)
```

表示我們從 Number1=[10,3,100,5,70,9] 當中找出最大的數字也就是最大值，那也就是 100 囉。

7. 找出最小值

上一個範例告訴我們，使用 max 可以得到最大值，如果想要得到最小值的話，那就要使用 min：

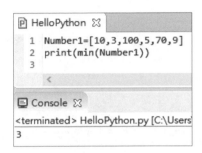

7.6 串列的靈活運算 4- 其他玩法補充

1. 刪除戰利品當中的女優：

說到這個，如果我想要刪除我的戰利品當中的某位女優的片片那可不可以？當然是可以囉，請看下面的程式碼：

```
HelloPython

1  Capture=["Rena","Yukie","Mai","Yaya","Madoka","Hinano","Sora","Kaede","Maria","Yuria"]
2  del Capture[2]
3  print(Capture)
4

Console
<terminated> HelloPython.py [C:\Users\PlayBoy8989889677412\AppData\Local\Programs\Python\Python37-32\python.exe]
['Rena', 'Yukie', 'Yaya', 'Madoka', 'Hinano', 'Sora', 'Kaede', 'Maria', 'Yuria']
```

在上面的程式碼當中，關鍵的地方只有一個，那就是：

```
del Capture[2]
```

其中，del 的意思表示刪除，而數字 2 的意思表示刪除戰利品編號 2 號的 Mai。

2. 取代戰利品當中的某位女優

有一天，如果我想要用某位新女優來取代我戰利品當中的某位女優的話，那我該怎麼做呢？例如說把 1 號的 Yukie 給替換成 Chiyoko，程式碼如下所示：

```
 P HelloPython ⊠
 1  Capture=["Rena","Yukie","Mai","Yaya","Madoka","Hinano","Sora","Kaede","Maria","Yuria"]
 2  Capture[1]="Chiyoko"
 3  print(Capture)
 4
    <

 □ Console ⊠                                    ■ ✖ ✖ ⚙ ⭘ ⬚ ⭳ ⭳
 <terminated> HelloPython.py [C:\Users\PlayBoy8989889677412\AppData\Local\Programs\Python\Python37-32\python.exe]
 ['Rena', 'Chiyoko', 'Mai', 'Yaya', 'Madoka', 'Hinano', 'Sora', 'Kaede', 'Maria', 'Yuria']
```

在上面的程式碼當中，關鍵的地方只有一個，那就是：

```
Capture[1]="Chiyoko"
```

意思就是把戰利品當中的 1 號 Yukie 給替換成 Chiyoko。

3. 以 list 來改變串列

```
 P HelloPython ⊠
 1  String1=["P","y","t","h","o","n"]
 2  print(String1)
 3  String1[1:]=list("eople")
 4  print(String1)
 5
    <

 □ Console ⊠
 <terminated> HelloPython.py [C:\Users\PlayBoy8
 ['P', 'y', 't', 'h', 'o', 'n']
 ['P', 'e', 'o', 'p', 'l', 'e']
```

在上面的程式碼當中，關鍵的地方只有一個，那就是：

```
String1[1:]=list("eople")
```

意思就是用 eople 來取代 ython。

2. 在戰利品之內插入新的戰利品

```
HelloPython ✕
1  Capture=["Rena","Yukie","Mai","Sora","Kaede","Maria","Yuria"]
2  Capture[2:6]=["Yaya","Madoka","Hinano"]
3  print(Capture)
4

Console ✕
<terminated> HelloPython.py [C:\Users\PlayBoy8989889677412\AppData\Local\Pro
['Rena', 'Yukie', 'Yaya', 'Madoka', 'Hinano', 'Yuria']
```

注意，如果你插入的內容是空的，那這時候插入的部分就會被當成清空來處理：

```
HelloPython ✕
1  Capture=["Rena","Yukie","Mai","Sora","Kaede","Maria","Yuria"]
2  Capture[2:6]=[]
3  print(Capture)
4

Console ✕
<terminated> HelloPython.py [C:\Users\PlayBoy8989889677412\AppData\Local\Pro
['Rena', 'Yukie', 'Yuria']
```

3. 檢查自己的女優是否有在戰利品之內

如果我想要知道我心愛的女優 Sora 有沒有在戰利品 Capture 之內的話可以這樣問：

```
HelloPython ✕
1  Capture=["Rena","Yukie","Mai","Sora","Kaede","Maria","Yuria"]
2  print("Sora" in Capture)
3

Console ✕
<terminated> HelloPython.py [C:\Users\PlayBoy8989889677412\AppData\Local\Pro
True
```

在上面的程式碼當中，關鍵的地方只有一個，那就是：

`"Sora" in Capture`

意思就是問 Sora 有沒有在戰利品 Capture 裡頭，如果有的話那就顯示 True。讓我們來看一個沒有的範例：

```
P HelloPython ⊠
  1 Capture=["Rena","Yukie","Mai","Sora","Kaede","Maria","Yuria"]
  2 print("Mary" in Capture)
  3
  <
```
```
Console ⊠
<terminated> HelloPython.py [C:\Users\PlayBoy8989889677412\AppData\Local\Pro
False
```

在上面的程式碼當中，關鍵的地方只有一個，那就是：

`"Mary" in Capture`

意思就是問 Mary 有沒有在戰利品 Capture 裡頭，如果有的話那就顯示 True，沒有的話就顯示 False。

由於在這個範例當中，Mary 並沒有在戰利品 Capture 裡頭，因此就顯示 False。

4. 把串列給結合起來

我們在前面有學過如何把戰利品給串起來的方法，現在，我想要直接使用「＋」號來完成這件事情，請看下面的程式碼：

```
P HelloPython ⊠
  1 Capturef_of_my=["Rena","Mai","Yaya","Hinano","Sora","Yuria"]
  2 Capturef_of_myroommate=["Yukie","Madoka","Kaede","Maria"]
  3 print(Capturef_of_my+Capturef_of_myroommate)
  4
  <
```
```
Console ⊠                                        ▣ ✖ ✗
<terminated> HelloPython.py [C:\Users\PlayBoy8989889677412\AppData\Local\Programs\Python\Python37-
['Rena', 'Mai', 'Yaya', 'Hinano', 'Sora', 'Yuria', 'Yukie', 'Madoka', 'Kaede', 'Maria']
```

5. 對戰利品做自我複製

方法很簡單，請看下面的程式碼：

```
HelloPython ⓧ
  1  Capturef=["Rena","Mai","Yaya","Hinano"]
  2  print(Capturef*3)
  3
```

```
Console ⓧ                                  ▣ ✖ ⚒ 🔍 🖿 | 📄 🗔
<terminated> HelloPython.py [C:\Users\PlayBoy8989889677412\AppData\Local\Programs\Python\Python37-32\python.exe]
['Rena', 'Mai', 'Yaya', 'Hinano', 'Rena', 'Mai', 'Yaya', 'Hinano', 'Rena', 'Mai', 'Yaya', 'Hinano']
```

在上面的程式碼當中，關鍵的地方只有一個，那就是：

Capturef*3

意思就是把戰利品 Capturef 給複製 3 次。

連續排列且不可變化
的 **戰利品**

8.1 不可更改的戰利品

在前面，我們已經大概地說過了把戰利品給收藏起來，並且還玩了好幾下如何新增或者是移除片片的技巧，前面講的內容都是可以對戰利品裡頭的片片來做變更，而本章所要說的技巧，則是不允許讓任何人來對我的片片戰利品而有所變更，那怎麼做呢？在此，我要報給各位一個好消息，那就是只要使用符號「( )」之後就一切搞定囉，例如像我們下面的程式碼：

```
HelloPython ✕
1  Capture=("Rena","Yukie","Mai","Yaya","Madoka","Hinano","Sora")
2  print(Capture)
3
```

```
Console ✕
<terminated> HelloPython.py [C:\Users\PlayBoy8989889677412\AppData\Local\Prog
('Rena', 'Yukie', 'Mai', 'Yaya', 'Madoka', 'Hinano', 'Sora')
```

怎麼證明用符號「( )」所排出來的片片是不能夠被更改的呢？請看下面的程式碼：

```
HelloPython ✕                                                            ▭
1  Capture=("Rena","Yukie","Mai","Yaya","Madoka","Hinano","Sora")
2  Capture[2]="Apple"
3  print(Capture)
4
```

```
Console ✕
<terminated> HelloPython.py [C:\Users\PlayBoy8989889677412\AppData\Local\Programs\Python\Python37-32\python.exe]
Traceback (most recent call last):
  File "C:\Users\PlayBoy8989889677412\eclipse-workspace\MyFirstPython\HelloPython.py", line 2, in <module>
    Capture[2]="Apple"
TypeError: 'tuple' object does not support item assignment
```

這跟我們在前面用符號「[ ]」所呈現出來的結果完全不一樣：

```
HelloPython ✕
1  Capture=["Rena","Yukie","Mai","Yaya","Madoka","Hinano","Sora"]
2  Capture[2]="Apple"
3  print(Capture)
4
```

```
Console ✕
<terminated> HelloPython.py [C:\Users\PlayBoy8989889677412\AppData\Local\Prog
['Rena', 'Yukie', 'Apple', 'Yaya', 'Madoka', 'Hinano', 'Sora']
```

你看出了這之間的差別了嗎？

當然我們也可以這樣寫：

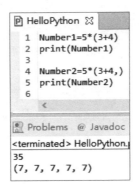

```
P HelloPython ⊠
 1 Capture=("Rena","Yukie","Mai","Yaya","Madoka","Hinano","Sora",)
 2 print(Capture)
 3
   <

⊠ Problems  @ Javadoc  ⅌ Declaration  ⬛ Console ⊠
<terminated> HelloPython.py [C:\Users\PlayBoy8989889677412\AppData\Local\Progr
('Rena', 'Yukie', 'Mai', 'Yaya', 'Madoka', 'Hinano', 'Sora')
```

也就是在最後面多加上一個逗號「,」，但是下列情況就有差別了：

```
P HelloPython ⊠
 1 Number1=5*(3+4)
 2 print(Number1)
 3
 4 Number2=5*(3+4,)
 5 print(Number2)
 6
   <

⊠ Problems  @ Javadoc
<terminated> HelloPython.
35
(7, 7, 7, 7, 7)
```

在程式：

```
Number1=5*(3+4)
```

的意思是計算 5 乘上 7 的結果，至於：

```
Number2=5*(3+4,)
```

的意思是把符號「()」裡頭的內容也就是 7 給自我複製 5 次。

8.2 序對的取法

序對的取法跟串列其實是一樣的，讓我們來舉個例子之後各位就知道了：

```
P HelloPython Ⅹ
1 Capture=("Rena","Yukie","Mai","Yaya","Madoka","Hinano","Sora")
2 print(Capture[3])
3
```

```
Problems  @ Javadoc  Declaration  Console Ⅹ
<terminated> HelloPython.py [C:\Users\PlayBoy8989889677412\AppData\Local\Prog
Yaya
```

甚至是：

```
P HelloPython Ⅹ
1 Capture=("Rena","Yukie","Mai","Yaya","Madoka","Hinano","Sora","Kaede","Maria","Yuria")
2 print(Capture[2:5])
3
```

```
Problems  @ Javadoc  Declaration  Console Ⅹ           ■ ✕ ✀ Q
<terminated> HelloPython.py [C:\Users\PlayBoy8989889677412\AppData\Local\Programs\Python\Python37-32\py
('Mai', 'Yaya', 'Madoka')
```

```
P HelloPython Ⅹ
1 Capture=("Rena","Yukie","Mai","Yaya","Madoka","Hinano","Sora","Kaede","Maria","Yuria")
2 print(Capture[2:8:3])
3
```

```
Problems  @ Javadoc  Declaration  Console Ⅹ           ■ ✕ ✀ Q
<terminated> HelloPython.py [C:\Users\PlayBoy8989889677412\AppData\Local\Programs\Python\Python37-32\py
('Mai', 'Hinano')
```

```
P HelloPython Ⅹ
1 Capture=("Rena","Yukie","Mai","Yaya","Madoka","Hinano","Sora","Kaede","Maria","Yuria")
2 print(Capture[-3:-9:-2])
3
```

```
Problems  @ Javadoc  Declaration  Console Ⅹ           ■ ✕ ✀ Q
<terminated> HelloPython.py [C:\Users\PlayBoy8989889677412\AppData\Local\Programs\Python\Python37-32\py
('Kaede', 'Hinano', 'Yaya')
```

各位有沒有覺得以上那三個範例都讓你感到很眼熟？

說白了，序對可以說是「不能改變內容（唯讀）的串列」，序對和串列其他更細微的不同，我們慢慢再討論。

8.3 序對的取法 - 序對中再包含序對

在本節當中，我們要在序對當中再次地放入序對，程式碼如下所示：

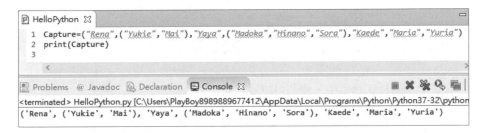

在這個範例裡頭，我們把：

Yukie、Mai 以及 Madoka、Hinano 以及 Sora 給分別地組合成 1 個序對，所以我們就可以把：

Yukie、Mai 給視為一組序對

或者是：

把 Madoka、Hinano 以及 Sora 也給視為一組序對，並且上編號，請看下面的程式碼：

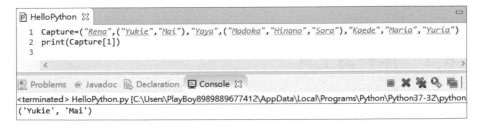

在這個範例當中，我們把 Yukie、Mai 給視為一組序對，因此，Yukie、Mai 只擁有一個編號，同理，我們也是把 Madoka、Hinano 以及 Sora 也給視為一組序對，因此，Madoka、Hinano 以及 Sora 也只擁有一個編號，讓我們一起來驗證一下我們的想法，請看下面的程式碼：

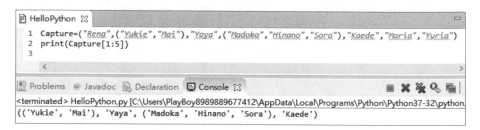

在上面的程式碼當中，我們可以這樣看：

編號	內容
0	Rena
1	Yukie、Mai
2	Yaya
3	Madoka、Hinano、Sora
4	Kaede
5	Maria
6	Yuria

以上，就是序對的基本問題。

8.4 序對與工具

關於序對，其實也有相應的工具可以來把玩它，例如以下的工具 count 就是：

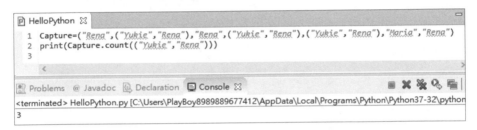

上面主要是問說，Rena 在戰利品當中的數量是多少，答案只有 4 個。

接下來我們要看的是，如果你想要計算出一組片片的數量，例如說我想要知道 ("Yukie","Rena") 這一組女優的作品在戰利品當中的數量是多少的話那又該怎麼寫呢？請看下面的程式碼：

答案是 3 個。最後我們要來問的是，Rena 在下列戰利品當中的數量有多少個：

```
1  Capture=("Rena",("Yukie","Rena"),"Rena",("Yukie","Rena"),("Yukie","Rena"),"Maria","Rena")
2  print(Capture.count("Rena"))
3
```

<terminated> HelloPython.py [C:\Users\PlayBoy8989889677412\AppData\Local\Programs\Python\Python37-32\python
3

也許你會問，為什麼答案不是 6 個？在此請各位注意一點，問 ("Yukie","Rena") 有幾個和問 Rena 有幾個是兩回事，畢竟 ("Yukie","Rena") 是被包在一起的，因此當中 Yukie 和 Rena 不能算獨立個體。

CHAPTER

9

一個女優對應
一個顏值

9.1 事情就是這樣開始的

秋聲：唉唷威呀！你在做小小小？

室友：我在給我的片片們打分數。

秋聲：打什麼分數？

室友：當然是顏值的分數囉～～

秋聲：你是又他媽吃飽得太閒撐著沒事幹吧？哪來那麼多時間幹這事？

室友：我又爽，你他媽怎樣？

秋聲：好吧！既然如此，那你打算怎麼做？

室友：很簡單啦！就跟一個蘿蔔對一個坑的意思一樣，一個女優對應一個顏值呀！

秋聲：看你滿腦子都是這玩意兒，那我就幫你玩玩吧

顏值 ={"Rena":85 分 ,"Yukie":92 分 ,"Mai":88 分 ,"Yaya":99 分 , "Madoka":83 分 ,"Hinano":95 分 ,"Sora":84 分 }

如果是寫成英文的話則是這樣：

```
FaceIndex={"Rena":85,"Yukie":92,"Mai":88,"Yaya":99,"Madoka":83,"Hinano":95,"Sora":84}
```

如果是寫成 Python 的話，那就把上面的話給照抄一遍就好啦，請看下面的程式碼：

```
HelloPython ⊠
 1 FaceIndex={"Rena":85,"Yukie":92,"Mai":88,"Yaya":99,"Madoka":83,"Hinano":95,"Sora":84}
 2 print(FaceIndex)
 3
```

```
Console ⊠
<terminated> HelloPython.py [C:\Users\PlayBoy8989889677412\AppData\Local\Programs\Python\Python37-32\
{'Rena': 85, 'Yukie': 92, 'Mai': 88, 'Yaya': 99, 'Madoka': 83, 'Hinano': 95, 'Sora': 84}
```

或者是你也可以這樣寫：

```
1  FaceIndex=dict(Rena=85,Yukie=92,Mai=88,Yaya=99,Madoka=83,Hinano=95,Sora=84)
2  print(FaceIndex)
3
```

<terminated> HelloPython.py [C:\Users\PlayBoy8989889677412\AppData\Local\Programs\Python\Python37-3
{'Rena': 85, 'Yukie': 92, 'Mai': 88, 'Yaya': 99, 'Madoka': 83, 'Hinano': 95, 'Sora': 84}

如果呼叫某位女優的名字，這時自然就可以把那位女優的顏值給調出來：

```
1  FaceIndex={"Rena":85,"Yukie":92,"Mai":88,"Yaya":99,"Madoka":83,"Hinano":95,"Sora":84}
2  print(FaceIndex["Rena"])
3
```

<terminated> HelloPython.py [C:\Users\PlayBoy8989889677412\AppData\Local\Programs\Python\Python37-32\p
85

以上的內容很簡單吧！收工。

9.2 字典的玩法

1. 成立空字典，成立後在設立每個女優的顏值：

```
1   FaceIndex={}
2
3   FaceIndex["Rena"]=85
4   FaceIndex["Yukie"]=92
5   FaceIndex["Mai"]=88
6   FaceIndex["Yaya"]=99
7   FaceIndex["Madoka"]=83
8   FaceIndex["Hinano"]=95
9   FaceIndex["Sora"]=84
10
11  print(FaceIndex)
12
```

<terminated> HelloPython.py [C:\Users\PlayBoy8989889677412\AppData\Local\Programs\Python\Python37-3
{'Rena': 85, 'Yukie': 92, 'Mai': 88, 'Yaya': 99, 'Madoka': 83, 'Hinano': 95, 'Sora': 84}

2. 改變女優的顏值

```
HelloPython ⊠
 1  FaceIndex={"Rena":85,"Yukie":92,"Mai":88,"Yaya":99,"Madoka":83,"Hinano":95,"Sora":84}
 2  FaceIndex["Yukie"]=100
 3  print(FaceIndex)
 4
```

```
👤 Problems  @ Javadoc  🔍 Declaration  🖥 Console ⊠                    ■ ✖ 🔆 🔍
<terminated> HelloPython.py [C:\Users\PlayBoy8989889677412\AppData\Local\Programs\Python\Python37-32\
{'Rena': 85, 'Yukie': 100, 'Mai': 88, 'Yaya': 99, 'Madoka': 83, 'Hinano': 95, 'Sora': 84}
```

3. 詢問女優是否有在戰利品之內：

一、沒有的情況：

```
HelloPython ⊠
 1  FaceIndex={"Rena":85,"Yukie":92,"Mai":88,"Yaya":99,"Madoka":83,"Hinano":95,"Sora":84}
 2  print("Apple" in FaceIndex)
 3
```

```
👤 Problems  @ Javadoc  🔍 Declaration  🖥 Console ⊠                    ■ ✖ 🔆 🔍
<terminated> HelloPython.py [C:\Users\PlayBoy8989889677412\AppData\Local\Programs\Python\Python37-32\
False
```

二、有的情況：

```
HelloPython ⊠
 1  FaceIndex={"Rena":85,"Yukie":92,"Mai":88,"Yaya":99,"Madoka":83,"Hinano":95,"Sora":84}
 2  print("Yaya" in FaceIndex)
 3
```

```
👤 Problems  @ Javadoc  🔍 Declaration  🖥 Console ⊠                    ■ ✖ 🔆 🔍
<terminated> HelloPython.py [C:\Users\PlayBoy8989889677412\AppData\Local\Programs\Python\Python37-32\
True
```

4. 刪除某女優以及她的顏值：

```
HelloPython ⊠
 1  FaceIndex={"Rena":85,"Yukie":92,"Mai":88,"Yaya":99,"Madoka":83,"Hinano":95,"Sora":84}
 2  del FaceIndex["Mai"]
 3  print(FaceIndex)
 4
```

```
👤 Problems  @ Javadoc  🔍 Declaration  🖥 Console ⊠                    ■ ✖ 🔆 🔍
<terminated> HelloPython.py [C:\Users\PlayBoy8989889677412\AppData\Local\Programs\Python\Python37-32\
{'Rena': 85, 'Yukie': 92, 'Yaya': 99, 'Madoka': 83, 'Hinano': 95, 'Sora': 84}
```

5. 複製顏值：

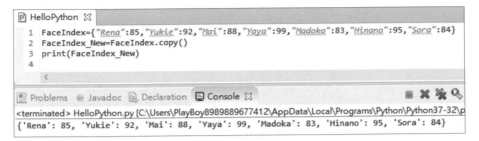

```
  1  FaceIndex={"Rena":85,"Yukie":92,"Mai":88,"Yaya":99,"Madoka":83,"Hinano":95,"Sora":84}
  2  FaceIndex_New=FaceIndex.copy()
  3  print(FaceIndex_New)
  4
```

Problems @ Javadoc Declaration Console ✕

```
<terminated> HelloPython.py [C:\Users\PlayBoy8989889677412\AppData\Local\Programs\Python\Python37-32\p
{'Rena': 85, 'Yukie': 92, 'Mai': 88, 'Yaya': 99, 'Madoka': 83, 'Hinano': 95, 'Sora': 84}
```

6. 清空全部的女優以及她們的顏值：

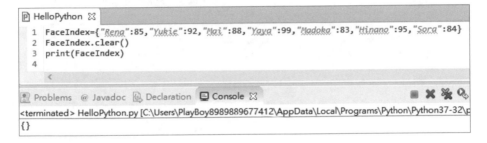

```
  1  FaceIndex={"Rena":85,"Yukie":92,"Mai":88,"Yaya":99,"Madoka":83,"Hinano":95,"Sora":84}
  2  FaceIndex.clear()
  3  print(FaceIndex)
  4
```

Problems @ Javadoc Declaration Console ✕

```
<terminated> HelloPython.py [C:\Users\PlayBoy8989889677412\AppData\Local\Programs\Python\Python37-32\p
{}
```

隨機排列

的 戰利品

10.1 集合的寫法

在前面，我們都是使用一種有序的方式來呈現咱們的片片，但如果我們想要無序呢？這時候就可以用一種稱為「集合」（符號是 {}）來玩了，請看下面的程式碼，這是執行第一次的結果：

```
P HelloPython ✕
1 Capture={"Rena","Yukie","Mai","Yaya","Madoka","Hinano","Sora"}
2 print(Capture)
3
  <

□ Console ✕
<terminated> HelloPython.py [C:\Users\PlayBoy8989889677412\AppData\Local\Pro
{'Yaya', 'Mai', 'Rena', 'Yukie', 'Hinano', 'Sora', 'Madoka'}
```

這是執行第二次的結果：

```
P HelloPython ✕
1 Capture={"Rena","Yukie","Mai","Yaya","Madoka","Hinano","Sora"}
2 print(Capture)
3
  <

□ Console ✕
<terminated> HelloPython.py [C:\Users\PlayBoy8989889677412\AppData\Local\Prog
{'Hinano', 'Madoka', 'Rena', 'Yaya', 'Yukie', 'Mai', 'Sora'}
```

這是執行第三次的結果：

```
P HelloPython ✕
1 Capture={"Rena","Yukie","Mai","Yaya","Madoka","Hinano","Sora"}
2 print(Capture)
3
  <

□ Console ✕
<terminated> HelloPython.py [C:\Users\PlayBoy8989889677412\AppData\Local\Prog
{'Mai', 'Yaya', 'Hinano', 'Rena', 'Madoka', 'Sora', 'Yukie'}
```

從以上執行三次的結果來看，程式碼被執行三次，而每次的執行結果卻都不一樣，就算再執行一次，雖然執行結果的開頭跟第三次的執行結果的前兩個一樣都是 Mai 以及 Yaya，但之後的排列情況卻跟第三次 Mai 以及 Yaya 後面的排列情況完全不同：

```
HelloPython ✕
  1  Capture={"Rena","Yukie","Mai","Yaya","Madoka","Hinano","Sora"}
  2  print(Capture)
  3
     <
```

```
Console ✕
<terminated> HelloPython.py [C:\Users\PlayBoy8989889677412\AppData\Local\Prog
{'Mai', 'Yaya', 'Madoka', 'Sora', 'Hinano', 'Rena', 'Yukie'}
```

像這種的情況就是無序，而無序則是以集合來呈現。

不過要注意的是，不能像前面那樣，取出集合當中某範圍的片片，例如像這樣：

```
HelloPython ✕
  1  Capture={"Rena","Yukie","Mai","Yaya","Madoka","Hinano","Sora"}
  2  print(Capture[1:4])
  3
     <
```

```
Console ✕                                    ■ ✕ ✖ ⚲ ▤ ▤ ▤ ▤ ▤
<terminated> HelloPython.py [C:\Users\PlayBoy8989889677412\AppData\Local\Programs\Python\Python37-32\python.exe]
Traceback (most recent call last):
  File "C:\Users\PlayBoy8989889677412\eclipse-workspace\MyFirstPython\HelloPython.py", line 2, in <module>
    print(Capture[1:4])
TypeError: 'set' object is not subscriptable
```

10.2 集合的玩法

集合的玩法不多，但還是可以有幾道菜給各位玩玩。

1. 在集合當中新增一部片片：

```
HelloPython ✕
  1  Capture={"Rena","Yukie","Mai","Yaya","Madoka","Hinano","Sora"}
  2  Capture.add("Apple")
  3  print(Capture)
  4
     <
```

```
Console ✕
<terminated> HelloPython.py [C:\Users\PlayBoy8989889677412\AppData\Local\Progra
{'Yaya', 'Hinano', 'Mai', 'Madoka', 'Apple', 'Sora', 'Yukie', 'Rena'}
```

注意，此時我們已經把女優 Apple 給丟進集合裡，但內容依舊是無序：

```
P HelloPython ⊠
1  Capture={"Rena","Yukie","Mai","Yaya","Madoka","Hinano","Sora"}
2  Capture.add("Apple")
3  print(Capture)
4
```

```
Console ⊠
<terminated> HelloPython.py [C:\Users\PlayBoy8989889677412\AppData\Local\Progra
{'Rena', 'Madoka', 'Hinano', 'Sora', 'Apple', 'Yaya', 'Mai', 'Yukie'}
```

2. 移除某位女優的作品：

```
P HelloPython ⊠
1  Capture={"Rena","Yukie","Mai","Yaya","Madoka","Hinano","Sora"}
2  Capture.remove("Mai")
3  print(Capture)
4
```

```
Console ⊠
<terminated> HelloPython.py [C:\Users\PlayBoy8989889677412\AppData\Local\Prog
{'Hinano', 'Yukie', 'Yaya', 'Sora', 'Rena', 'Madoka'}
```

一間啤酒銀行
創業的 起頭故事

11.1 一間銀行的設立

話說我跟我室友兩人一起到海外打拼了幾年之後，便有了回鄉發展的念頭，於是就在一個月黑風高、色狼在叫的夜晚，我們倆便商量了回臺的創業計畫。

室友：你覺得回臺創業的話，要開什麼公司才好？

我：當然是開銀行囉！畢竟咱們在海外也撈了這麼多錢，開銀行不是問題的啦！

室友：是沒錯，再說如果想要當個黑心銀行家的話，我還可以順便以利滾利、大賺一筆，爽。

我：現在開銀行沒那麼好賺啦！不然為什麼你三不五時好死不死都會接到銀行的電話，然後就是要你去跟銀行借貸款？然後讓人家賺利息啊！

室友：好啦！看來開銀行還是個不錯的計畫，那就開銀行吧！但是要怎麼開？

我：首先我們一定要有張建設銀行的設計圖，例如說設計圖的名字為臺灣啤酒銀行 Taiwan_Beer_Bank，而依照設計圖來蓋銀行的話那就是 Taiwan_Beer_Bank()，也就是說當括號產生時，才開始蓋我們的銀行，至於銀行的名字，我稱它為「台啤銀」也就是 Bank_Of_Taiwan_Beer。

而台啤銀 Bank_Of_Taiwan_Beer 就是依照設計圖 Taiwan_Beer_Bank 所蓋好的真實銀行，同時也是這間銀行的名字，而整個過程就以類別裡所規定的行為來處理，換句話說就是依照計畫書裡頭的計畫來實施銀行的運作流程，也就是說，銀行的運作也要以計畫書裡頭所規定好的規則來進行。

於是，回臺後我們就去政府那以類別的形式來開了一間銀行，然後向建設公司遞交了取名為臺灣啤酒銀行（Taiwan_Beer_Bank）的設計圖，並且告訴建設公司我要蓋間銀行，以最原始的情況來看，由於這間銀行也只是剛剛創立而已，所以裡頭什麼東西都沒有，沒有色老闆當然也沒有正妹員工，寫成中文的話就是這樣：

類別 臺灣啤酒銀行
　什麼東西都沒有

而寫成英文的話就會是這樣：

```
class Taiwan_Beer_Bank
    Nothing
```

看來是個很簡單的東西，所以寫成 Python 的話那就會是這樣：

其中的「Nothing」我們用「pass」來替換之外，剩下的就只是在「Taiwan_Beer_Bank」的後面加上了「():」而成為了「Taiwan_Beer_Bank():」之後就搞定了。

好了，關於我們銀行的創業故事咱們就先暫且到此為止，後面還有更精采的。

PS：
剛剛說在「Taiwan_Beer_Bank」的後面加上了「()」而成為「Taiwan_Beer_Bank():」之後就搞定了，這種情況是說，假設你所設計出來的類別是在沒有繼承關係的情況之下那你可以不用寫，但如果有繼承關係的話，那「O」的部分你就得加了，要是你對這部分的內容不懂的話那也無所謂，因為在後面講到繼承觀念的時候你自然就會知道了。

11.2 銀行的名字

在前面，我們已經把銀行給建立了起來，但是建立歸建立，如果銀行之後要處理業務的話，總不能只用銀行設計圖的名字臺灣啤酒銀行 Taiwan_Beer_Bank 來處理吧，所以在上一節，我給了以設計圖名字為臺灣啤酒銀行 Taiwan_Beer_Bank 所建立起來的銀行取了台啤銀也就是 Bank_Of_Taiwan_Beer 這樣的名字，這樣以後我們的新銀行不論是對內或者是對外就都有了正式又清楚的名字台啤銀 -Bank_Of_Taiwan_Beer。

現在，我要把上面的話跟前一小節所學習到的內容給做個總整理，並且用設計圖臺灣啤酒銀行 Taiwan_Beer_Bank 來把真實的銀行台啤銀 Bank_Of_Taiwan_Beer 給建立起來，先讓我們來看看中文：

類別 臺灣啤酒銀行

什麼東西都沒有

台啤銀（銀行的名字）＝臺灣啤酒銀行（銀行設計圖的名字）

（注意，要先從等號的右邊讀到左邊）

上面的意思是說，用設計圖臺灣啤酒銀行來把真實的銀行台啤銀給建立起來。

所以寫成英文的話就會是這樣：

```
class Taiwan_Beer_Bank
  Nothing
```

Bank_Of_Taiwan_Beer（銀行的名字）= Taiwan_Beer_Bank（銀行設計圖的名字）

寫成 Python 的話則會是這樣：

```
HelloPython ✕
1⊖ class Taiwan_Beer_Bank():
2      pass
3
4  Bank_Of_Taiwan_Beer = Taiwan_Beer_Bank()
5
<

🖳 Console ✕
<terminated> HelloPython.py [C:\Users\PlayBoy7878978
```

如此一來，我們就已經透過設計圖臺灣啤酒銀行 Taiwan_Beer_Bank 來把真實的銀行台啤銀也就是 Bank_Of_Taiwan_Beer 給建立了起來囉。

之後我們處理事情主要不會以銀行設計圖的名字也就是「Taiwan_Beer_Bank」來處理（但有特例，以後會說），而是以銀行的新名字台啤銀「Bank_Of_Taiwan_Beer」來處理，至於怎麼做，我們下一節會看到。

11.3 調用銀行內的東西

在上一節當中我們給了以設計圖「臺灣啤酒銀行」Taiwan_Beer_Bank 所建立起來的銀行取了個台啤銀 -Bank_Of_Taiwan_Beer 這樣子的名字，並且還說以後我們都會用這個名字來處理業務。

現在讓我們來看一個有關於業務上的實際範例，這個範例很生活化，我相信大家一定也都有過這個生活經驗，那就是當我們去商家的時候，商家裡頭的服務人員都會站在店門口並且微笑著對你說「歡迎光臨」這四個大字，目的就是要讓你感到心情舒爽再加上賓至如歸的感覺，這樣你進去商家後才會開開心心地把皮包裡頭的錢錢給掏出來，最後歡歡喜喜地交到老闆的手上。

我們的台啤銀 Bank_Of_Taiwan_Beer 也是一樣，站在銀行的立場銀行當然也希望能夠把商業禮儀給做到最好，並且盡善盡美，不過由於我跟我室友兩人都懶得站在店門口外來招呼客人，所以我們倆決定自己設計一台電子招牌機 Say_Hello，並且把這傢伙給放進設計圖臺灣啤酒銀行 Taiwan_Beer_Bank 裡頭當一個招呼客人用的工具，只要客人一進到銀行的大門口之時，銀行就會自動地調用電子招牌機 Say_Hello，然後把它裡頭所預設的字幕 Hello Everyone 給顯示出來，看我們怎麼處理這問題的思路：

類別 臺灣啤酒銀行

在臺灣啤酒銀行當中放入自己所設計的工具 Say_Hello

而工具 Say_Hello 的功能則是顯示出 Hello Everyone 這一串文字出來

給臺灣啤酒銀行取個名字叫做台啤銀

台啤銀調用自己所設計的工具 Say_Hello

寫完了上面的思路之後，讓我們對上面所說的內容來整理一下：

類別 臺灣啤酒銀行

   自己所設計的工具 Say_Hello

      顯示出 Hello Everyone

台啤銀＝臺灣啤酒銀行

台啤銀 . 工具 Say_Hello

其中「.」的意思就是指調用。

讓我們把上面的話給翻譯成英文：

```
class Taiwan_Beer_Bank
    Say_Hello:
        print Hello Everyone

Bank_Of_Taiwan_Beer = Taiwan_Beer_Bank
Bank_Of_Taiwan_Beer.Say_Hello
```

最後，再讓我們把上面的話給翻譯成 Python，並且看看程式的執行結果：

```
HelloPython 🔀
1⊖ class Taiwan_Beer_Bank():
2⊖     def Say_Hello(self):
3          print("Hello Everyone")
4
5  Bank_Of_Taiwan_Beer = Taiwan_Beer_Bank()
6  Bank_Of_Taiwan_Beer.Say_Hello()
7
 <
```

```
Console 🔀
<terminated> HelloPython.py [C:\Users\PlayBoy78789785
Hello Everyone
```

OK，看來我們已經成功地把「Hello Everyone」給顯示出來了，現在，讓我們對這件事情下個非常重要的結論，那就是：

名字 - 台啤銀也就是 Bank_Of_Taiwan_Beer 成功地調用我們自己所設計出來的工具 Say_Hello()，並且把工具 Say_Hello() 當中所預設的字幕「Hello Everyone」給顯示出來了。

上面的結論好長，如果只用一行 Python 來說的話那就是：

Bank_Of_Taiwan_Beer.Say_Hello()

其中「.」的意思也是指調用。

如果你對上面的例子可以了解的話，那我們再來看看另外一個例子，這次是在銀行內放 10000 元，之後也是由名字台啤銀 Bank_Of_Taiwan_Beer 去把這 10000 元給取出來，請看下面的程式碼：

```
HelloPython 🔀
1⊖ class Taiwan_Beer_Bank():
2      Money=10000
3
4  Bank_Of_Taiwan_Beer = Taiwan_Beer_Bank()
5  print(Bank_Of_Taiwan_Beer.Money)
6
 <
```

```
Console 🔀
<terminated> HelloPython.py [C:\Users\PlayBoy7878978
10000
```

這一道程式的關鍵點就在於，把 Money=10000 給透過名字台啤銀 Bank_
Of_Taiwan_Beer 給調出來。

上面的結論也是一樣好長，如果只用一行 Python 來說的話那就是：

```
Bank_Of_Taiwan_Beer.Money
```

好了，最後我要來說說一個名叫「self」的事情，各位剛才都已經在第一個
例子裡頭看到我們的工具 Say_Hello，它其實是長這個樣子的：

```
def Say_Hello(self):
        print("Hello Everyone")
```

如果你把這個「self」給直接翻譯成中文的話，那意思就是指「自己」或者
是「自我」的意思，這個翻譯的結果在我們的 Python 當中其實也是一樣的，也
就是說「self」就是指「自己」或者是「自我」的意思，那問題來了，這個「自
己」或「自我」指的又是誰呢？答案就是台啤銀 Bank_Of_Taiwan_Beer。

最後，關於「self」的妙用我們在後面還會陸陸續續地說到，本節就到此為
止，希望各位能夠了解名字的用法，因為它非常重要，如果你不能弄懂它的意
義，那就請在弄懂後再繼續往下閱讀。

11.4 設計給銀行專用的工具與 self 的運用

在上一節當中我們說了 self 所代表的意思，那時候我們說所謂的 self 指的
就是自己。

然後要告訴各位的是從現在開始請各位注意一點，我們如果要在類別裡
頭設計自己的工具的話，那你必須得在工具裡頭放置參數的第一個地方給寫上
self，不然好心的 Eclipse 可是不會讓你的程式當場通過編譯，反而會出現錯誤
訊息的嘿：

```
P HelloPython ⊠
 1⊖ class Taiwan_Beer_Bank():
😣2⊖    def setMoney(money):
😣3           self.money=money
 4⊖    def getMoney(self):
 5           print("The money is",self.data)
 6
 7  Bank_Of_Taiwan_Beer = Taiwan_Beer_Bank()
 8  Bank_Of_Taiwan_Beer.setMoney(20000)
 9  Bank_Of_Taiwan_Beer.getMoney()
 10
    <
```

```
⬛ Console ⊠                          ⬛ ✖ ✖ ✖ ▣ | ▣ ▣
<terminated> HelloPython.py [C:\Users\PlayBoy7878978567544\AppData\Local\Programs\Python\Python37-32\python.exe]
Traceback (most recent call last):
  File "C:\Users\PlayBoy7878978567544\eclipse-workspace\MyPython\HelloPython.py", line 8, in <module>
    Bank_Of_Taiwan_Beer.setMoney(20000)
TypeError: setMoney() takes 1 positional argument but 2 were given
```

好了，讓我們把 self 給加進去之後，並且看看下面的這道程式碼：

```
P HelloPython ⊠
 1⊖ class Taiwan_Beer_Bank():
 2⊖    def setMoney(self,money):
 3           self.money=money
 4⊖    def getMoney(self):
 5           print("The money is",self.money)
 6
 7  Bank_Of_Taiwan_Beer = Taiwan_Beer_Bank()
 8  Bank_Of_Taiwan_Beer.setMoney(20000)
 9  Bank_Of_Taiwan_Beer.getMoney()
 10
    <
```

```
⬛ Console ⊠
<terminated> HelloPython.py [C:\Users\PlayBoy7878978
The money is 20000
```

我們來看看這道程式所執行的過程，第一步，首先是先建立台啤銀 Bank_Of_Taiwan_Beer 也就是執行我們程式碼的第七行：

```
P HelloPython ⊠
 1⊖ class Taiwan_Beer_Bank():
 2⊖    def setMoney(self,money):
 3           self.money=money
 4⊖    def getMoney(self):
 5           print("The money is",self.money)
 6
 7  Bank_Of_Taiwan_Beer = Taiwan_Beer_Bank()
 8  Bank_Of_Taiwan_Beer.setMoney(20000)
 9  Bank_Of_Taiwan_Beer.getMoney()
 10
    <
```

```
⬛ Console ⊠
<terminated> HelloPython.py [C:\Users\PlayBoy7878978567
The money is 20000
```

第二步，台啤銀 Bank_Of_Taiwan_Beer 調用工具 setMoney，並且在工具 setMoney 當中把 20000 元給丟進去，也就是執行我們程式碼的第八行：

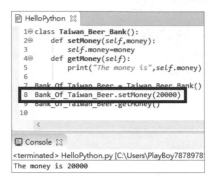

第三步，來到程式碼第二行：

的地方，此時 def setMoney(self,money):= def setMoney(self,20000): 也就是：

PS：

為了方便講解，我暫且把 def setMoney(self,money): 當中的 money 給改成
了數字 20000，也就是變成 def setMoney(self,20000):，在真實的程式寫作
上你可千萬不能這麼做，因為那絕對會出錯，請看程式碼第二行以及程式
碼第三行旁邊的符號，那就是 Eclipse 在告訴我們那是個天大的 bug。

第四步，來到程式碼的第三行：

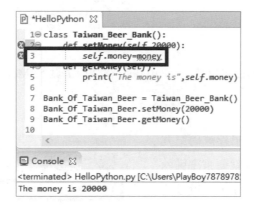

也就是 self.money=money 的地方，它的意思是說，會把程式第二行：

```
def setMoney(self,money):= def setMoney(self,20000):
```

當中的 20000，透過 self 給存進 self.money 裡頭去，也就是說情況會變成
這樣：

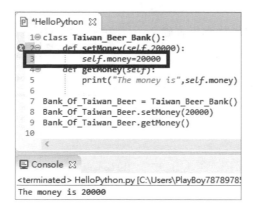

到此，程式碼的第八行總算是已經都執行完畢了，現在，我們要來執行程式碼的第九行，也就是第五步：

```
1⊖ class Taiwan_Beer_Bank():
2⊖     def setMoney(self,20000):
3          self.money=20000
4⊖     def getMoney(self):
5          print("The money is",self.money)
6
7  Bank_Of_Taiwan_Beer = Taiwan_Beer_Bank()
8  Bank_Of_Taiwan_Beer.setMoney(20000)
9  Bank_Of_Taiwan_Beer.getMoney()
10
```

```
Console
<terminated> HelloPython.py [C:\Users\PlayBoy7878978
The money is 20000
```

這時候台啤銀 Bank_Of_Taiwan_Beer 會調用工具 getMoney，也就是：

```
Bank_Of_Taiwan_Beer.getMoney()
```

因此，當執行了程式碼第九行的時候，這時候就要來準備執行程式碼的第四行了，也就是第六步：

```
1⊖ class Taiwan_Beer_Bank():
2⊖     def setMoney(self,20000):
3          self.money=20000
4⊖     def getMoney(self):
5          print("The money is",self.money)
6
7  Bank_Of_Taiwan_Beer = Taiwan_Beer_Bank()
8  Bank_Of_Taiwan_Beer.setMoney(20000)
9  Bank_Of_Taiwan_Beer.getMoney()
10
```

```
Console
<terminated> HelloPython.py [C:\Users\PlayBoy7878978
The money is 20000
```

既然現在都已經跳到程式碼第四行去了的話，那接下來就是要執行程式碼的第五行，也就是第七步：

```
1⊖ class Taiwan_Beer_Bank():
2⊖     def setMoney(self,20000):
3          self.money=20000
4⊖     def getMoney(self):
5          print("The money is",self.money)
6
7  Bank_Of_Taiwan_Beer = Taiwan_Beer_Bank()
8  Bank_Of_Taiwan_Beer.setMoney(20000)
9  Bank_Of_Taiwan_Beer.getMoney()
10
```

```
Console
<terminated> HelloPython.py [C:\Users\PlayBoy787897856
The money is 20000
```

然後，由於在程式碼的第三行當中 self.money=20000，所以當程式碼要開始執行第五行的時候，會把第五行當中的 self.money 給替換成 20000，也就是第八步：

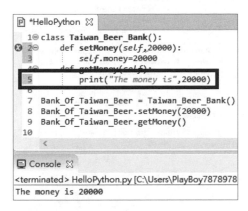

　　最後，我們就會得到我們所想要得到的預期結果，也就是：

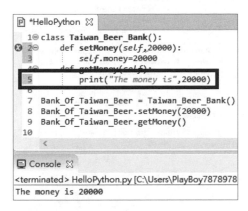

```
The money is 20000
```

　　如果你對 self.money=money 感到有點混亂的話，那你可以把程式的第三行給改寫成：

```
self.data=money
```

程式碼如下所示：

```
 1⊖ class Taiwan_Beer_Bank():
 2⊖     def setMoney(self,money):
 3           self.data=money
 4⊖     def getMoney(self):
 5           print("The money is",self.data)
 6
 7  Bank_Of_Taiwan_Beer = Taiwan_Beer_Bank()
 8  Bank_Of_Taiwan_Beer.setMoney(20000)
 9  Bank_Of_Taiwan_Beer.getMoney()
10
```

```
Console ⊠
<terminated> HelloPython.py [C:\Users\PlayBoy7878978
The money is 20000
```

然後照上面的分析過程再去分析一次，你就懂了。

11.5 特殊工具的使用 - 最初資料的顯示

在前面，我跟我室友使用了我們倆一起所設計出來的工具也就是那台電子招牌機 Say_Hello，那時我還在那裡頭放了一個小小的功能，主要是能夠顯示出一串文字 Hello Everyone。

後來，我跟我室友倆人決定把原先向客人顯示出的一句話也就是咱們的電子招牌機 Say_Hello 給用其他的工具來替換掉，我們的目的是在銀行開門之前，就必須得先準備好字幕 Hello Everyone，而此時不需要再透過名字台啤銀 Bank_Of_Taiwan_Beer 來調用工具 Say_Hello。

為了解決這個問題，我們倆還特別跑去詢問了咱們的程式語言 Python 先生，於是，便有了以下的對話。

Python 先生：請問畜先生與禽先生二位來此有何貴幹？

室友：請問一下有沒有那種只要把名字給取出來之後，就可以直接執行工具的好玩意兒？

Python 先生：有！當然有，它的名字是「__init__()」，這款「__init__()」的好工具是我精心替廣大的碼農們準備好的特殊工具，就由於它特殊，所以我就在工具名稱「init」的前後面分別加上了兩條底線「__」來表示這款好工具。

於是我跟我室友倆一聽到這之後，就立刻寫了下面的這道程式碼來驗證一下咱們的 Python 先生剛剛所說的那些話到底是真話還是假話，以下就是：

```
HelloPython ⊠
1⊖ class Taiwan_Beer_Bank():
2⊖     def __init__(self):
3           print("Hello Everyone")
4
5   Bank_Of_Taiwan_Beer = Taiwan_Beer_Bank()
6
       <

Console ⊠
<terminated> HelloPython.py [C:\Users\PlayBoy7878978
Hello Everyone
```

OH！Ya！上面的情況就是說，如果我們要讓字幕 Hello Everyone 給顯示出來的話，只要把台啤銀 Bank_Of_Taiwan_Beer 給建立起來，之後不需要使用「.」來調用工具「__init__()」，此時程式就會自動地執行工具「__init__()」以及裡頭的 print("Hello Everyone")

要是你有疑問的話，請回想一下我們之前如果要讓字幕 Hello Everyone 給顯示出來的話，就必須得透過台啤銀 Bank_Of_Taiwan_Beer 來調用電子招牌機 Say_Hello，然後才會執行 Say_Hello 以及 Say_Hello 裡頭的 print("Hello Everyone") 來把字幕 Hello Everyone 給顯示出來，情況如下面程式碼的第六行所示：

```
HelloPython ⊠
1⊖ class Taiwan_Beer_Bank():
2⊖     def Say_Hello(self):
3           print("Hello Everyone")
4
5   Bank_Of_Taiwan_Beer = Taiwan_Beer_Bank()
6   Bank_Of_Taiwan_Beer.Say_Hello()
7
       <

Console ⊠
<terminated> HelloPython.py [C:\Users\PlayBoy7878978!
Hello Everyone
```

各位可以比較上面的那兩張圖，同樣的結果，但卻是透過不一樣的方法來實現，這樣你知道這之間的差異了吧。

上面是關於字幕 Hello Everyone 的顯示，接下來我們還要再看另一個範例。

話說又有一天，政府要求我們銀行只要每天一開門的時候，就必須得向上門來的每位客人提供最原始的創業資本額，目的是要讓每位上門來的客人知道銀行創業時的情況，證明這間銀行不是一間空殼公司，好讓來跟銀行交易的客戶們可以放心地進行交易，這時候…

我：唉！要顯示出創業資本額，這會不會很麻煩啊？

室友：不會啦！這很簡單的。

我：那要怎麼做？

室友：當把台啤銀 Bank_Of_Taiwan_Beer 給創建起來之時，在設計圖 Taiwan_Beer_Bank 的後面把咱們的創業資本額 10000 元給丟進「()」裡頭去就搞定了，簡單一句話來說就是這樣：

```
Bank_Of_Taiwan_Beer = Taiwan_Beer_Bank(10000)
```

因此，就在我跟我室友倆人一同討論了一下之後，回想起咱們的程式語言 Python 先生所向我們推薦過的好工具「__init__()」，並且還對它把玩了一下，看看政府要我們做的事情我們能不能搞出來交差，讓我們來看看以下的範例：

```
HelloPython
1 class Taiwan_Beer_Bank():
2     def __init__(self,Money):
3         print("The Money is",Money)
4
5 Bank_Of_Taiwan_Beer = Taiwan_Beer_Bank(10000)
6
```

```
Console
<terminated> HelloPython.py [C:\Users\PlayBoy787897856754
The Money is 10000
```

看來已經沒問題了，現在就讓我們來看看步驟。

第一步，執行程式碼第五行，先把銀行的創業金 10000 元給丟進設計圖 Taiwan_Beer_Bank 裡頭去之後，便建立台啤銀 Bank_Of_Taiwan_Beer：

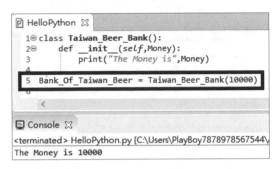

第二步，跳到程式碼的第二行：

```
HelloPython
1  class Taiwan_Beer_Bank():
2      def __init__(self,Money):
3          print( The Money is ,Money)
4
5  Bank_Of_Taiwan_Beer = Taiwan_Beer_Bank(10000)
6
```

```
Console
<terminated> HelloPython.py [C:\Users\PlayBoy787897856754
The Money is 10000
```

第三步，把創業金 10000 元給丟進 def __init__(self,Money): 當中的 Money 裡頭去：

```
*HelloPython
1  class Taiwan_Beer_Bank():
2      def __init__(self,10000):
3          print( The Money is ,Money)
4
5  Bank_Of_Taiwan_Beer = Taiwan_Beer_Bank(10000)
6
```

```
Console
<terminated> HelloPython.py [C:\Users\PlayBoy787897856754
The Money is 10000
```

第四步，執行程式碼的第三行，把銀行的創業金 10000 元給丟進 print("The Money is",Money) 當中的 Money 裡頭去之後，就變成了 print("The Money is",10000)：

```
P *HelloPython ⊠
 1⊖ class Taiwan_Beer_Bank():
 2⊖     def __init__(self,10000):
 3          print("The Money is",10000)
 4
 5  Bank_Of_Taiwan_Beer = Taiwan_Beer_Bank(10000)
 6
    ‹

Console ⊠
<terminated> HelloPython.py [C:\Users\PlayBoy787897856754
The Money is 10000
```

最後我們要的結果 The Money is 10000 也就顯示出來啦：

```
P *HelloPython ⊠
 1⊖ class Taiwan_Beer_Bank():
 2⊖     def __init__(self,10000):
 3          print("The Money is",10000)
 4
 5  Bank_Of_Taiwan_Beer = Taiwan_Beer_Bank(10000)
 6
    ‹

Console ⊠
<terminated> HelloPython.py [C:\Users\PlayBoy787897856754
The Money is 10000
```

以上就是我們特殊工具「__init__()」的用法，請各位要多留意它。最後要告訴各位的是，在 Python 裡頭，咱們的 Python 先生已經為我們建立了很多種各式各樣的特殊工具讓我們方便地去使用，至於它們的使用方式與使用方法，會隨著我們的主題而陸陸續續地登場，就請各位拭目以待囉！

銀行內外的
資訊 **調用與修改**

12.1 把銀行外的錢由銀行來顯示出來

假如有一天，客戶的錢放在銀行外，那我們要怎麼樣把這筆錢透過銀行給顯示出來？請看我們下面的程式碼：

```
HelloPython ✕

 1  CustomerMoney=5000
 2
 3  class Taiwan_Beer_Bank():
 4      print("The Money(from print) is",CustomerMoney)
 5      def __init__(self):
 6          print("The Money(from __init__) is",CustomerMoney)
 7      def getMoney(self):
 8          print("The Money(frome getMoney) is",CustomerMoney)
 9
10  Bank_Of_Taiwan_Beer = Taiwan_Beer_Bank()
11  Bank_Of_Taiwan_Beer.getMoney()
12
13
```

```
Console ✕

<terminated> HelloPython.py [C:\Users\PlayBoy7878978567544\AppData\Local\
The Money(from print) is 5000
The Money(from __init__) is 5000
The Money(frome getMoney) is 5000
```

在程式碼當中，CustomerMoney 是客戶的錢，且目前是 5000 元，只是說這筆錢目前被放在銀行 Taiwan_Beer_Bank 的外頭，而我們在銀行裡頭用了三種方式來把這筆錢給顯示出來，它們分別是：

1. 程式第四行的 print("The Money(from print) is",CustomerMoney)

2. 程式第六行的 print("The Money(from __init__) is",CustomerMoney)

3. 程式第八行的 print("The Money(frome getMoney) is",CustomerMoney)

程式第四行沒問題，至於第六行的話則是被放在工具 __init__ 裡頭，而第八行的話則是在 getMoney 當中。

12.2 把銀行內的錢由銀行來顯示出來

在上一節當中，我們從銀行的外頭來把客戶的錢也就是 CustomerMoney 透過銀行來顯示出來，現在，假如這筆錢目前被放在銀行內的話，那該怎麼顯示這筆錢呢？請看下面的程式碼：

```
P HelloPython ⊠
 1⊖ class Taiwan_Beer_Bank():
 2      CustomerMoney=5000
 3      print("The Money(from print) is",CustomerMoney)
 4⊖    def __init__(self):
 5          print("The Money(from __init__) is",self.CustomerMoney)
 6⊖    def getMoney(self):
 7          print("The Money(from getMoney) is",self.CustomerMoney)
 8
 9  Bank_Of_Taiwan_Beer = Taiwan_Beer_Bank()
10  Bank_Of_Taiwan_Beer.getMoney()
11
```

```
R Problems  @ Javadoc  Declaration  Console ⊠
<terminated> HelloPython.py [C:\Users\PlayBoy8989889677412\AppData\Local\Progra
The Money(from print) is 5000
The Money(from __init__) is 5000
The Money(from getMoney) is 5000
```

看來這道程式碼跟上一節的差不多，只是要注意的地方是：

程式碼第五行：print("The Money(from __init__) is",self.CustomerMoney)

程式碼第七行：print("The Money(from getMoney) is",self.CustomerMoney)

調用客戶的錢也就是 CustomerMoney 之時還外加了前面所講過的 self。

12.3 把銀行外的工具由銀行給調出來用

現在，假如有一個工具 Say_Hello 被放在銀行的外面，我們想要透過銀行內的工具 __init__ 以及 getInformation 給拿來用，看我們怎麼做：

```
P HelloPython 🔀
1⊖ def Say_Hello():
2       print("Hello Everyone")
3
4⊖ class Taiwan_Beer_Bank():
5⊖     def __init__(self):
6           Say_Hello()
7⊖     def getInformation(self):
8           Say_Hello()
9
10 Bank_Of_Taiwan_Beer = Taiwan_Beer_Bank()
11 Bank_Of_Taiwan_Beer.getInformation()
12
   ‹
```
```
🖥 Console 🔀
<terminated> HelloPython.py [C:\Users\PlayBoy7878978
Hello Everyone
Hello Everyone
```

　　做法很簡單，只要把工具 Say_Hello 給放進 __init__ 以及 getInformation 裡頭去這樣就搞定了。

12.4 把銀行內的工具由銀行給調出來用

　　在前一節當中，我們假如有一個工具 Say_Hello 被放在銀行的外面，那時候我們透過銀行內的工具 __init__ 以及 getInformation 來把銀行外的工具 Say_Hello 給拿來用，現在，我們假如工具 Say_Hello 是被放在銀行裡頭的話，那我們又該如何調用它呢？請看下面：

```
P HelloPython 🔀
1⊖ class Taiwan_Beer_Bank():
2⊖     def Say_Hello(self):
3           print("Hello Everyone")
4⊖     def __init__(self):
5           self.Say_Hello()
6⊖     def getInformation(self):
7           self.Say_Hello()
8
9  Bank_Of_Taiwan_Beer = Taiwan_Beer_Bank()
10 Bank_Of_Taiwan_Beer.getInformation()
11
   ‹
```
```
🖥 Console 🔀
<terminated> HelloPython.py [C:\Users\PlayBoy7878978
Hello Everyone
Hello Everyone
```

做法很簡單，只要把工具 Say_Hello 給放進 __init__ 以及 getInformation 裡頭去，並且加上個 self 來調用工具 Say_Hello 之後就搞定了。

12.5 __init__ 中的 self 是否可以被其他工具給運用

各位是否還記得「11.4 設計給銀行專用的工具與 self 的運用」，那時候我們從自己所設計的工具 setMoney 當中寫了這一行程式碼 self.money=money，並且最後由 Bank_Of_Taiwan_Beer 來設定 setMoney 裡頭的數目，之後調用 getMoney。

問題來了，如果這時候的工具 setMoney 不是 setMoney 而是 __init__ 的話，那 self.money 最後也一樣可以被另一個工具給調用嗎？讓我們來看看下面的程式碼：

```python
class Taiwan_Beer_Bank():
    def __init__(self):
        self.Money=50000
    def getInformation(self):
        print("The Money is",self.Money)

Bank_Of_Taiwan_Beer = Taiwan_Beer_Bank()
Bank_Of_Taiwan_Beer.getInformation()
```

```
Console ⊠
<terminated> HelloPython.py [C:\Users\PlayBoy7878978!
The Money is 50000
```

看來答案是 OK 的。

12.6 self 的活用

　　在前面，我們已經大概知道了 self 的用法，在此，我還要繼續地來使用 self，並且必要時還會讓我們的輸出產生不一樣的結果，讓我們來看看下面的程式碼：

```
 P  HelloPython ✕
 1   String1="Hello"
 2⊖  class Taiwan_Beer_Bank():
 3       String2="EveryBody"
 4       print(String1,String2)
 5⊖      def __init__(self):
 6           print(String1,self.String2)
 7           self.String1="Python"
 8           print(String1,self.String2)
 9           print(self.String1,self.String2)
10           print("=======================")
11           String2="I Love You"
12           print(String1,String2)
13           print(String1,self.String2)
14           print(self.String1,self.String2)
15           self.String2="C Love Python"
16           print(String1,self.String2)
17           print(self.String1,self.String2)
18
19   Bank_Of_Taiwan_Beer = Taiwan_Beer_Bank()
20
         <
```

```
 🖵  Console ✕
<terminated> HelloPython.py [C:\Users\PlayBoy78789785
Hello EveryBody
Hello EveryBody
Hello EveryBody
Python EveryBody
=======================
Hello I Love You
Hello EveryBody
Python EveryBody
Hello C Love Python
Python C Love Python
```

讓我們用個表格來做個對照：

String1="Hello" String2="EveryBody"	
程式碼	運行結果
print(String1,String2)	Hello EveryBody
print(String1,self.String2)	Hello EveryBody
self.String1="Python"	
程式碼	運行結果
print(String1,self.String2)	Hello EveryBody
print(self.String1,self.String2)	Python EveryBody
"======================="	
String2="I Love You"	
程式碼	運行結果
print(String1,String2)	Hello I Love You
print(String1,self.String2)	Hello EveryBody
print(self.String1,self.String2)	Python EveryBody
self.String2="C Love Python"	
程式碼	運行結果
print(String1,self.String2)	Hello C Love Python
print(self.String1,self.String2)	Python C Love Python

CHAPTER

13

創建分行

13.1 創建一個分行

　　話說，咱們的銀行在臺灣經營有成，所以我跟室友倆人決定在東京創建一間分行，來把咱們臺灣的經濟實力以及服務品質向外拓展，至於據點呢！經過商量後咱倆決定就選在東京創建分行，而這間東京分行則是繼承自原來在臺灣的銀行，情況如下所示：

```
P HelloPython ⊠
1⊖ class Taiwan_Beer_Bank():
2      pass
3
4⊖ class Taiwan_Beer_Bank_Tokyo_Branch(Taiwan_Beer_Bank):
5      pass
6
<

☐ Console ⊠
<terminated> HelloPython.py [C:\Users\PlayBoy7878978567544\AppData
```

　　在上面的程式碼當中，我們使用了繼承的概念，意思是說原來的父銀行在東京創建了一間分行（當然你也可以說是向下拓展出一間子銀行），也許你會問，東京分行幹嘛不直接用設計圖 Taiwan_Beer_Bank 來創建就好？還不是因為日本的法規與臺灣的法規不同，你想你是能直接拿明朝的劍來斬清朝的官，這他媽能斬嗎？所以咱們就只好忍痛地修改設計圖 Taiwan_Beer_Bank，以設計圖 Taiwan_Beer_Bank 為基礎來做變更，最後才衍伸出東京分行的設計圖 Taiwan_Beer_Bank_Tokyo_Branch 來準備幫我們臺灣人在東京賺賺外國人的錢錢，你想只要一有了錢錢，那咱們最愛的片片還會少嗎？

　　所以我們為了表示由父銀行的設計圖 Taiwan_Beer_Bank 在東京這個地方來創建一間子銀行 Taiwan_Beer_Bank_Tokyo_Branch，我們特地在子銀行的括弧中加上了父銀行的設計圖 Taiwan_Beer_Bank，這就表示新創建的子銀行東京分行的設計圖 Taiwan_Beer_Bank_Tokyo_Branch 是繼承自父銀行的設計圖 Taiwan_Beer_Bank，簡單來說的話就是寫成這樣：

```
class Taiwan_Beer_Bank_Tokyo_Branch(Taiwan_Beer_Bank):
```

　　上面那句程式碼的意思就是說，子銀行東京分行的設計圖 Taiwan_Beer_Bank_Tokyo_Branch 繼承自父銀行的設計圖 Taiwan_Beer_Bank。

用白話來講，Taiwan_Beer_Bank_Tokyo_Branch 的設計圖是從父銀行 Taiwan_Beer_Bank 的設計圖修改而來的。

13.2 從父銀行再創建個分行吧

在前面，我們講了如何創建一間分行，現在，如果我們想要創建兩間分行的話，那我們又該怎麼做呢？請看下面：

```
P HelloPython ⊠
 1⊖ class Taiwan_Beer_Bank():
 2      pass
 3⊖ class Taiwan_Beer_Bank_Tokyo_Branch(Taiwan_Beer_Bank):
 4      pass
 5⊖ class Taiwan_Beer_Bank_Washington_Branch(Taiwan_Beer_Bank):
 6      pass
 7
```

```
 Console ⊠
<terminated> HelloPython.py [C:\Users\PlayBoy7878978567544\AppData\Local\
```

也是一樣，由於我們在華盛頓創設了一間分行，因此我們也要依照美國的法律來對父銀行的設計圖 Taiwan_Beer_Bank 來做修改，所以用程式碼來表達的話就是：

```
Taiwan_Beer_Bank_Washington_Branch(Taiwan_Beer_Bank):
```

上面那句程式碼的意思就是說，子銀行華盛頓分行的設計圖 Taiwan_Beer_Bank_Washington_Branch 繼承自父銀行的設計圖 Taiwan_Beer_Bank。

13.3 從分行再創建分行吧

我們在前面已經從父銀行創建了東京以及華盛頓這兩間分行，現在，我還想要從華盛頓分行當中來創建阿拉巴馬州以及喬治亞州這兩間分行，為什麼這兩個分行又要各自的設計圖？還不是因為美國各州有各州自己的法律，雖然以華盛頓分行的設計圖為主，對於些許的不同，我們仍然要根據它們來修改。所以這兩間地區性的子銀行和它們倆的父銀行 Taiwan_Beer_Bank_Washington_Branch 雖然很像，但一樣也要修改名字才行，所以我們以父銀行為主體，考慮由同一個州來衍生出這倆間分行，請看下面的程式碼：

```
HelloPython ⊠
1⊖ class Taiwan_Beer_Bank():
2      pass
3⊖ class Taiwan_Beer_Bank_Tokyo_Branch(Taiwan_Beer_Bank):
4      pass
5⊖ class Taiwan_Beer_Bank_Washington_Branch(Taiwan_Beer_Bank):
6      pass
7⊖ class Taiwan_Beer_Bank_Alabama_Branch(Taiwan_Beer_Bank_Washington_Branch):
8      pass
9⊖ class Taiwan_Beer_Bank_Georgia_Branch(Taiwan_Beer_Bank_Washington_Branch):
10     pass
11
```

```
Console ⊠
<terminated> HelloPython.py [C:\Users\PlayBoy7878978567544\AppData\Local\Programs\Python\
```

本程式碼的關鍵點就在於下面：

```
class Taiwan_Beer_Bank_Alabama_Branch(Taiwan_Beer_Bank_
Washington_Branch):
```

的意思就是說，子銀行的設計圖 Taiwan_Beer_Bank_Alabama_Branch 繼承自父銀行的設計圖 Taiwan_Beer_Bank_Washington_Branch。

以及：

```
class Taiwan_Beer_Bank_Georgia_Branch(Taiwan_Beer_Bank_
Washington_Branch):
```

的意思也是說，子銀行的設計圖 Taiwan_Beer_Bank_Georgia_Branch 繼承自父銀行的設計圖 Taiwan_Beer_Bank_Washington_Branch。

就是說，華盛頓分行創建了阿拉巴馬州以及喬治亞州這兩間分行，如果以華盛頓分行為父銀行的話，則阿拉巴馬州分行以及喬治亞州分行為子銀行。

而如果以臺灣啤酒銀行為父銀行的話，則東京分行以及華盛頓分行為子銀行，而阿拉巴馬州分行以及喬治亞州分行則為孫銀行。

在各銀行中
放置工具

14.1 在父銀行與子銀行當中放置工具

我們在上一節當中創建了銀行，可那裡頭卻什麼東西都沒有，所以我們在每間銀行裡頭各放了特殊工具 __init__，情況如下所示：

```
P HelloPython ✕
1 class Taiwan_Beer_Bank():
2     def __init__(self):
3         print("Welcome to Taiwan_Beer_Bank")
4
5 class Taiwan_Beer_Bank_Tokyo_Branch(Taiwan_Beer_Bank):
6     def __init__(self):
7         print("Welcome to Taiwan_Beer_Bank_Tokyo_Branch")
8
<
```

```
Console ✕
<terminated> HelloPython.py [C:\Users\PlayBoy7878978567544\AppData\Loc
```

當然，要是你覺得只放 __init__ 還不夠的話，那你也可以再加別的工具，例如以下的 setInformation：

```
P HelloPython ✕
1 class Taiwan_Beer_Bank():
2     def __init__(self):
3         print("Welcome to Taiwan_Beer_Bank")
4     def setInformation(self):
5         print("We are in Taiwan")
6 class Taiwan_Beer_Bank_Tokyo_Branch(Taiwan_Beer_Bank):
7     def __init__(self):
8         print("Welcome to Taiwan_Beer_Bank_Tokyo_Branch")
9     def setInformation(self):
10        print("We are in Tokyo")
11
<
```

```
Console ✕
<terminated> HelloPython.py [C:\Users\PlayBoy7878978567544\AppData\Loc
```

其實你想要在銀行裡頭放多少工具都隨便你，上面我只是為了方便起見，所以只放了兩個。

在新創建的第二分行中放工具

在前面，我們講了如何創建一間分行，並且還在那裡頭放了些工具進去，現在，我要講的是創建兩間分行的話，那我們又該怎麼做呢？請看下面：

```
P HelloPython ⊠
 1⊖ class Taiwan_Beer_Bank():
 2⊖     def __init__(self):
 3           print("Welcome to Taiwan_Beer_Bank")
 4⊖     def setInformation(self):
 5           print("We are in Taiwan")
 6⊖ class Taiwan_Beer_Bank_Tokyo_Branch(Taiwan_Beer_Bank):
 7⊖     def __init__(self):
 8           print("Welcome to Taiwan_Beer_Bank_Tokyo_Branch")
 9⊖     def setInformation(self):
10           print("We are in Tokyo")
11⊖ class Taiwan_Beer_Bank_Washington_Branch(Taiwan_Beer_Bank):
12⊖     def __init__(self):
13           print("Welcome to Taiwan_Beer_Bank_Washington_Branch")
14⊖     def setInformation(self):
15           print("We are in Washington")
16
      <

 Console ⊠
<terminated> HelloPython.py [C:\Users\PlayBoy7878978567544\AppData\Local\Pro
```

也是一樣，我們在華盛頓創設了一間分行，所以用程式碼來表達的話就是：

```
Taiwan_Beer_Bank_Washington_Branch(Taiwan_Beer_Bank):
```

意思為子銀行的設計圖 Taiwan_Beer_Bank_Washington_Branch 繼承自父銀行的設計圖 Taiwan_Beer_Bank。

從分行再創建新分行，並且在新分行當中放置工具

我們在前面已經創建了東京以及華盛頓這兩間分行，不但如此，我們也還在那兩間分行當中放置了工具，而在前面我們也已經看到了以華盛頓分行為父銀行，然後向外拓展了子銀行也就是阿拉巴馬州分行以及喬治亞州分行。

現在，我要在以華盛頓分行為父銀行，並以阿拉巴馬州分行以及喬治亞州分行為子銀行的情況之下把工具給放進去，讓我們來看看下面的程式碼：

```
P HelloPython ⌧
 1  class Taiwan_Beer_Bank():
 2      def __init__(self):
 3          print("Welcome to Taiwan_Beer_Bank")
 4      def setInformation(self):
 5          print("We are in Taiwan")
 6  class Taiwan_Beer_Bank_Tokyo_Branch(Taiwan_Beer_Bank):
 7      def __init__(self):
 8          print("Welcome to Taiwan_Beer_Bank_Tokyo_Branch")
 9      def setInformation(self):
10          print("We are in Tokyo")
11  class Taiwan_Beer_Bank_Washington_Branch(Taiwan_Beer_Bank):
12      def __init__(self):
13          print("Welcome to Taiwan_Beer_Bank_Washington_Branch")
14      def setInformation(self):
15          print("We are in Washington")
16  class Taiwan_Beer_Bank_Alabama_Branch(Taiwan_Beer_Bank_Washington_Branch):
17      def __init__(self):
18          print("Welcome to Taiwan_Beer_Bank-Alabama_Branch")
19      def setInformation(self):
20          print("We are in Alabama")
21  class Taiwan_Beer_Bank_Georgia_Branch(Taiwan_Beer_Bank_Washington_Branch):
22      def __init__(self):
23          print("Welcome to Taiwan_Beer_Bank-Georgia_Branch")
24      def setInformation(self):
25          print("We are in Georgia")
26
  <
```

```
 Console ⌧                                                          ■
<terminated> HelloPython.py [C:\Users\PlayBoy7878978567544\AppData\Local\Programs\Python\P
```

好了，關於在銀行中放置工具的知識我們已經都學會了，從下一章開始，我們將會看到父 - 子銀行以及子 - 孫銀行，甚至是父子孫銀行三者之間在調用資料以及工具的情況。

父子孫之間
的 資料擷取

15.1 父子之間的資料擷取 1- 對父類別內 Money 的調用

假如我在父銀行的設計圖 Taiwan_Beer_Bank 裡頭放了 Money=15000 元，此時我想透過子銀行 Tokyo_Branch 來調用父銀行當中的 Money=15000 元的話那可不可以？讓我們來看下面：

```
P HelloPython 🔀
 1⊖ class Taiwan_Beer_Bank():
 2      Money=15000
 3⊖ class Taiwan_Beer_Bank_Tokyo_Branch(Taiwan_Beer_Bank):
 4      pass
 5
 6  Tokyo_Branch=Taiwan_Beer_Bank_Tokyo_Branch()
 7  print("The Money is",Tokyo_Branch.Money)
 8
      <

💻 Console 🔀
<terminated> HelloPython.py [C:\Users\PlayBoy7878978567544\AppData\
The Money is 15000
```

看來這是沒問題的。

15.2 父子之間的資料擷取 2- 對工具的調用

在前面，我們把 Money=15000 給丟進父銀行的設計圖 Taiwan_Beer_Bank 當中，並由子銀行 Tokyo_Branch 來去調用父銀行的這 Money=15000，現在，我們假設父銀行的設計圖 Taiwan_Beer_Bank 裡頭有工具 setInformation，

並也一樣讓子銀行 Tokyo_Branch 來調用 setInformation，讓我們來看看下面的程式碼：

```
P HelloPython 🔀
 1⊖ class Taiwan_Beer_Bank():
 2⊖     def setInformation(self):
 3          print("This is Taiwan_Beer_Bank")
 4⊖ class Taiwan_Beer_Bank_Tokyo_Branch(Taiwan_Beer_Bank):
 5      pass
 6
 7  Tokyo_Branch=Taiwan_Beer_Bank_Tokyo_Branch()
 8  Tokyo_Branch.setInformation()
 9
      <

💻 Console 🔀
<terminated> HelloPython.py [C:\Users\PlayBoy7878978567544\AppData\
This is Taiwan_Beer_Bank
```

請注意，如果你把 class Taiwan_Beer_Bank_Tokyo_Branch(Taiwan_Beer_Bank): 當中的 Taiwan_Beer_Bank 給拿掉的話，那這時候就會表示說 Taiwan_Beer_Bank 與 Taiwan_Beer_Bank_Tokyo_Branch 彼此之間的繼承關係是不存在的，因此如果此時調用工具 setInformation 的話那一定會出問題，請看下面的程式碼：

```
P HelloPython ⊠
1⊖ class Taiwan_Beer_Bank():
2⊖     def setInformation(self):
3           print("This is Taiwan_Beer_Bank")
4⊖ class Taiwan_Beer_Bank_Tokyo_Branch():
5       pass
6
7  Tokyo_Branch=Taiwan_Beer_Bank_Tokyo_Branch()
8  Tokyo_Branch.setInformation()
9
    <
```

```
□ Console ⊠                                    ■ ✖ ✖ ✖ ⚙ ⚙ | 📄 | 📄 📄
<terminated> HelloPython.py [C:\Users\PlayBoy7878978567544\AppData\Local\Programs\Python\Python37-32\python.exe]
Traceback (most recent call last):
  File "C:\Users\PlayBoy7878978567544\eclipse-workspace\MyPython\HelloPython.py", line 8, in <module>
    Tokyo_Branch.setInformation()
AttributeError: 'Taiwan_Beer_Bank_Tokyo_Branch' object has no attribute 'setInformation'
```

15.3 父子之間的資料擷取 3-__init__ 的調用

在前面我們以父銀行裡頭的工具 setInformation 來做為子銀行的調用對象，但如果此時把工具 setInformation 給換成特殊工具 __init__ 的話那情況又會是怎麼樣呢？請看下面的程式碼：

```
P HelloPython ⊠
1⊖ class Taiwan_Beer_Bank():
2⊖     def __init__(self):
3           print("This is Taiwan_Beer_Bank")
4⊖ class Taiwan_Beer_Bank_Tokyo_Branch(Taiwan_Beer_Bank):
5       pass
6
7  Tokyo_Branch=Taiwan_Beer_Bank_Tokyo_Branch()
8
    <
```

```
□ Console ⊠
<terminated> HelloPython.py [C:\Users\PlayBoy7878978567544\AppData\
This is Taiwan_Beer_Bank
```

我們已經看到了，由 Tokyo_Branch 來調用 __init__ 的話是沒有問題，但有趣的情況則是在下面：

```
HelloPython ⊠
1⊖ class Taiwan_Beer_Bank():
2⊖     def __init__(self):
3           print("This is Taiwan_Beer_Bank")
4⊖ class Taiwan_Beer_Bank_Tokyo_Branch():
5       pass
6
7   Tokyo_Branch=Taiwan_Beer_Bank_Tokyo_Branch()
8
        ❮

Console ⊠
<terminated> HelloPython.py [C:\Users\PlayBoy787897856754
```

如果你沒有在 class Taiwan_Beer_Bank_Tokyo_Branch(): 的「()」裡頭寫上 Taiwan_Beer_Bank，此時 Taiwan_Beer_Bank 與 Taiwan_Beer_Bank_Tokyo_Branch 之間的繼承關係並不存在，但只是有趣的是，程式可以執行卻不會報錯，這一點與上一節所看到的情況不同。

最後讓我們一起來看看這個狀況：

```
HelloPython ⊠
1⊖ class Taiwan_Beer_Bank():
2⊖     def __init__(self):
3           print("This is Taiwan_Beer_Bank")
4⊖ class Taiwan_Beer_Bank_Tokyo_Branch(Taiwan_Beer_Bank):
5       pass
6
        ❮

Console ⊠
<terminated> HelloPython.py [C:\Users\PlayBoy7878978567544\AppData\
```

如果把 Tokyo_Branch=Taiwan_Beer_Bank_Tokyo_Branch() 給拿掉的話，那程式會執行嗎？答案也不會，因為根本就沒有建立 Tokyo_Branch，怎麼可能會執行 __init__ 的你說對吧！

15.4 父子之間的資料擷取 4- 雙底線的使用

在前面，我們只以父類別的設計圖 Taiwan_Beer_Bank 為範例，然後讓子銀行 Tokyo_Branch 去對父類別的設計圖 Taiwan_Beer_Bank 裡頭的 Money 以及工具 setInformation 來做調用，現在，我們要把父類別以及子類別稍微做一點點巧妙地結合，例如像下面的這道程式碼：

```
P HelloPython ✕
1⊖ class Taiwan_Beer_Bank():
2      Money=13000
3⊖ class Taiwan_Beer_Bank_Tokyo_Branch(Taiwan_Beer_Bank):
4⊖     def setInformation(self):
5          print("This is Tokyo_Branch",self.Money)
6
7  Tokyo_Branch=Taiwan_Beer_Bank_Tokyo_Branch()
8  Tokyo_Branch.setInformation()
9

Console ✕
<terminated> HelloPython.py [C:\Users\PlayBoy7878978567544\AppData'
This is Tokyo_Branch 13000
```

在上面的程式碼當中，我們把 Money=13000 給放進父類別的設計圖 Taiwan_Beer_Bank 裡頭去，之後在子類別的設計圖 Taiwan_Beer_Bank_ Tokyo_Branch 當中透過 self 來呼叫父類別設計圖 Taiwan_Beer_Bank 裡頭的 Money，之所以能這麼做，是因為透過繼承關係，但如果拿掉繼承關係的話，那情況則會是：

```
P HelloPython ✕                                                            ⃞ ⃞
1⊖ class Taiwan_Beer_Bank():
2      Money=13000
3⊖ class Taiwan_Beer_Bank_Tokyo_Branch():
4⊖     def setInformation(self):
5          print("This is Tokyo_Branch",self.Money)
6
7  Tokyo_Branch=Taiwan_Beer_Bank_Tokyo_Branch()
8  Tokyo_Branch.setInformation()
9

Console ✕                                          ▣ ✖ ✖ ⃥ ▤ | �&⃥ ⃥ ⃥ | ⃥
<terminated> HelloPython.py [C:\Users\PlayBoy7878978567544\AppData\Local\Programs\Python\Python37-32\python.exe]
Traceback (most recent call last):
  File "C:\Users\PlayBoy7878978567544\eclipse-workspace\MyPython\HelloPython.py", line 8, in <module>
    Tokyo_Branch.setInformation()
  File "C:\Users\PlayBoy7878978567544\eclipse-workspace\MyPython\HelloPython.py", line 5, in setInformation
    print("This is Tokyo_Branch",self.Money)
AttributeError: 'Taiwan_Beer_Bank_Tokyo_Branch' object has no attribute 'Money'
```

由於失去了繼承關係，因此子銀行的設計圖 Taiwan_Beer_Bank_Tokyo_ Branch 會無法透過繼承關係來讀取父銀行的設計圖 Taiwan_Beer_Bank 當中的 Money。

以及你也許會問，如果每個人都能夠讀取父類別的設計圖 Taiwan_Beer_
Bank 當中的 Money 那會不會非常危險？所以這時候我們可以用雙底線也就是
「__」來處理這個問題，請注意，如果你只有寫單底線「_」的話，父類別的
設計圖 Taiwan_Beer_Bank 當中的 Money 還是可以被讀取，程式碼如下所示：

但如果是雙底線的話，那就沒問題了：

請注意，使用雙底線「__」不允許其它繼承的類別來讀取 Money，但自己
對於自己的類別卻沒有這個問題，請看下面的程式碼：

```
 P HelloPython �XX
  1⊖ class Taiwan_Beer_Bank():
  2      __Money=13000
  3⊖    def setInformation(self):
  4          print("This is Tokyo_Branch",self.__Money)
  5⊖ class Taiwan_Beer_Bank_Tokyo_Branch(Taiwan_Beer_Bank):
  6      pass
  7
  8  Tokyo_Branch=Taiwan_Beer_Bank_Tokyo_Branch()
  9  Tokyo_Branch.setInformation()
 10
        <
```
```
 🖳 Console �XX
<terminated> HelloPython.py [C:\Users\PlayBoy7878978567544\AppData\
This is Tokyo_Branch 13000
```

　　也就是說，雙底線「__」不允許子類別的設計圖 Taiwan_Beer_Bank_
Tokyo_Branch 來讀取父類別的設計圖 Taiwan_Beer_Bank 當中的 Money，但是
父類別的設計圖 Taiwan_Beer_Bank 自己卻可以讀取自己也就是設計圖 Taiwan_
Beer_Bank 當中的 Money。

15.5 父子之間的資料擷取 5-super 登場

　　在前面我們用了些許方法由子銀行來取得父銀行的一些資訊，現在，我們
要使用關鍵字來做同樣的事情，請看下面的程式碼：

```
 P HelloPython �XX
  1⊖ class Taiwan_Beer_Bank():
  2⊖    def setInformation(self):
  3          print("This is Taiwan_Beer_Bank")
  4⊖ class Taiwan_Beer_Bank_Tokyo_Branch(Taiwan_Beer_Bank):
  5⊖    def setInformationOfTokyoBranch(self):
  6          super().setInformation()
  7
  8  Tokyo_Branch=Taiwan_Beer_Bank_Tokyo_Branch()
  9  Tokyo_Branch.setInformationOfTokyoBranch()
 10
        <
```
```
 🖳 Console �XX
<terminated> HelloPython.py [C:\Users\PlayBoy7878978567544\AppData\
This is Taiwan_Beer_Bank
```

在上面的程式碼當中我們在子銀行當中使用了關鍵字 super，並且用它來取得父銀行裡頭的工具 setInformation，寫法很簡單，就是這樣：

```
super().setInformation()
```

不過請注意一點，我們在前面說過雙底線的例子，那時候我們說使用雙底線「__」是不允許其它繼承的類別來讀取 __Money，但自己對於自己的類別卻沒有這個問題，但如果使用了雙底線之後，在子銀行裡頭透過關鍵字 super 來取得父類別當中的 __Money=16000 的話卻是 OK 的：

```
P HelloPython ✕
 1⊖ class Taiwan_Beer_Bank():
 2      __Money=16000
 3⊖     def setInformation(self):
 4          print("This is Taiwan_Beer_Bank , We have",self.__Money)
 5⊖ class Taiwan_Beer_Bank_Tokyo_Branch(Taiwan_Beer_Bank):
 6⊖     def setInformationOfTokyoBranch(self):
 7          super().setInformation()
 8
 9  Tokyo_Branch=Taiwan_Beer_Bank_Tokyo_Branch()
10  Tokyo_Branch.setInformationOfTokyoBranch()
11
```
```
 Console ✕
<terminated> HelloPython.py [C:\Users\PlayBoy7878978567544\AppData\Local\Progr
This is Taiwan_Beer_Bank , We have 16000
```

15.6 父子之間的資料擷取 6

最後，我們要來講一個範例，這個範例很有趣，怎麼說呢？假如在父銀行裡頭有一個工具 setInformation，而子銀行裡頭卻沒有工具 setInformation，這時候如果子銀行想要透過繼承的方式來呼叫父銀行當中的工具 setInformation，那可以子銀行這麼做：

```
HelloPython ✕
1⊖ class Taiwan_Beer_Bank():
2⊖     def setInformation(self):
3           print("This is Taiwan_Beer_Bank")
4⊖ class Taiwan_Beer_Bank_Tokyo_Branch(Taiwan_Beer_Bank):
5       pass
6⊖ class Taiwan_Beer_Bank_Washington_Branch(Taiwan_Beer_Bank):
7       pass
8
9  Tokyo_Branch=Taiwan_Beer_Bank_Tokyo_Branch()
10 Tokyo_Branch.setInformation()
11
12 Washington_Branch=Taiwan_Beer_Bank_Washington_Branch()
13 Washington_Branch.setInformation()
14
      <
```
```
Console ✕
<terminated> HelloPython.py [C:\Users\PlayBoy7878978567544\AppData\Local
This is Taiwan_Beer_Bank
This is Taiwan_Beer_Bank
```

　　但有趣的事情來了，如果子銀行們也都有工具 setInformation，又此時子銀行們也都呼叫了工具 setInformation 的話，那此時的子銀行們會由於自己各自銀行裡頭都已經有了工具 setInformation，所以，那些子銀行們便不會再呼叫父銀行裡頭的工具 setInformation，情況如下圖所示：

```
HelloPython ✕
1⊖ class Taiwan_Beer_Bank():
2⊖     def setInformation(self):
3           print("This is Taiwan_Beer_Bank")
4⊖ class Taiwan_Beer_Bank_Tokyo_Branch(Taiwan_Beer_Bank):
5⊖     def setInformation(self):
6           print("This is Tokyo_Branch")
7⊖ class Taiwan_Beer_Bank_Washington_Branch(Taiwan_Beer_Bank):
8⊖     def setInformation(self):
9           print("This is Washington_Branch")
10
11 Tokyo_Branch=Taiwan_Beer_Bank_Tokyo_Branch()
12 Tokyo_Branch.setInformation()
13
14 Washington_Branch=Taiwan_Beer_Bank_Washington_Branch()
15 Washington_Branch.setInformation()
16
      <
```
```
Console ✕
<terminated> HelloPython.py [C:\Users\PlayBoy7878978567544\AppData\Local
This is Tokyo_Branch
This is Washington_Branch
```

15.7 子孫銀行之間的資訊擷取與調用

子孫銀行之間的資訊擷取與調用其實跟我們在前面所講過的父子銀行很像，讓我們一起來看看下面的這個範例：

```
HelloPython ⊠
 1⊖ class Taiwan_Beer_Bank():
 2⊖     def __init__(self):
 3          print("Welcome to Taiwan_Beer_Bank")
 4⊖     def setInformation(self):
 5          print("We are in Taiwan")
 6⊖ class Taiwan_Beer_Bank_Tokyo_Branch(Taiwan_Beer_Bank):
 7⊖     def __init__(self):
 8          print("Welcome to Taiwan_Beer_Bank_Tokyo_Branch")
 9⊖     def setInformation(self):
10          print("We are in Tokyo")
11⊖ class Taiwan_Beer_Bank_Washington_Branch(Taiwan_Beer_Bank):
12⊖     def __init__(self):
13          print("Welcome to Taiwan_Beer_Bank_Washington_Branch")
14⊖     def setInformation_Washington_Branch(self):
15          print("Thank You Very Much!")
16⊖ class Taiwan_Beer_Bank_Alabama_Branch(Taiwan_Beer_Bank_Washington_Branch):
17⊖     def __init__(self):
18          print("Welcome to Taiwan_Beer_Bank-Alabama_Branch")
19⊖     def setInformation(self):
20          super().setInformation_Washington_Branch()
21          print("We are in Alabama")
22⊖ class Taiwan_Beer_Bank_Georgia_Branch(Taiwan_Beer_Bank_Washington_Branch):
23⊖     def __init__(self):
24          print("Welcome to Taiwan_Beer_Bank-Georgia_Branch")
25⊖     def setInformation(self):
26          print("We are in Georgia")
27
28  Bank_Of_Alabama_Branch = Taiwan_Beer_Bank_Alabama_Branch()
29  Bank_Of_Alabama_Branch.setInformation()
30
```

```
Console ⊠
<terminated> HelloPython.py [C:\Users\PlayBoy7878978567544\AppData\Local\Programs\Python\
Welcome to Taiwan_Beer_Bank-Alabama_Branch
Thank You Very Much!
We are in Alabama
```

在上面的程式碼當中，重要的地方就在於下面的第 11 行到第 21 行之間：

```
11⊖ class Taiwan_Beer_Bank_Washington_Branch(Taiwan_Beer_Bank):
12⊖     def __init__(self):
13          print("Welcome to Taiwan_Beer_Bank_Washington_Branch")
14⊖     def setInformation_Washington_Branch(self):
15          print("Thank You Very Much!")
16⊖ class Taiwan_Beer_Bank_Alabama_Branch(Taiwan_Beer_Bank_Washington_Branch):
17⊖     def __init__(self):
18          print("Welcome to Taiwan_Beer_Bank-Alabama_Branch")
19⊖     def setInformation(self):
20          super().setInformation_Washington_Branch()
21          print("We are in Alabama")
```

其中最關鍵的地方就在於程式碼裡頭的第 20 行，也就是：

```
super().setInformation_Washington_Branch()
```

讓我們一起來思考個問題，由於子銀行的設計圖 Taiwan_Beer_Bank_Washington_Branch 跟孫銀行的設計圖 Taiwan_Beer_Bank_Alabama_Branch 之間也是帶有繼承的父子關係，因此，我們也可以使用 super 來讓孫銀行的設計圖 Taiwan_Beer_Bank_Alabama_Branch 來取得子銀行的設計圖 Taiwan_Beer_Bank_Washington_Branch 裡頭的工具也就是 setInformation_Washington_Branch。

讓我們再來看看另外一個例子，假設現在子銀行的設計圖 Taiwan_Beer_Bank_Washington_Branch 裡頭有創業資金也就是 Money=10000 元，而這 10000 元我們的孫銀行的設計圖 Taiwan_Beer_Bank_Alabama_Branch 想要透過繼承的方式來擷取這 Money=10000 元的話那行不行？當然可以囉，請看下面的範例程式碼：

```
P HelloPython ✕
 1⊖ class Taiwan_Beer_Bank():
 2⊖     def __init__(self):
 3           print("Welcome to Taiwan_Beer_Bank")
 4⊖     def setInformation(self):
 5           print("We are in Taiwan")
 6⊖ class Taiwan_Beer_Bank_Tokyo_Branch(Taiwan_Beer_Bank):
 7⊖     def __init__(self):
 8           print("Welcome to Taiwan_Beer_Bank_Tokyo_Branch")
 9⊖     def setInformation(self):
10           print("We are in Tokyo")
11⊖ class Taiwan_Beer_Bank_Washington_Branch(Taiwan_Beer_Bank):
12       Money=10000
13⊖     def __init__(self):
14           print("Welcome to Taiwan_Beer_Bank_Washington_Branch")
15⊖     def setInformation_Washington_Branch(self):
16           print("The Money is",self.Money)
17⊖ class Taiwan_Beer_Bank_Alabama_Branch(Taiwan_Beer_Bank_Washington_Branch):
18⊖     def __init__(self):
19           print("Welcome to Taiwan_Beer_Bank-Alabama_Branch")
20⊖     def setInformation(self):
21           super().setInformation_Washington_Branch()
22           print("We are in Alabama")
23⊖ class Taiwan_Beer_Bank_Georgia_Branch(Taiwan_Beer_Bank_Washington_Branch):
24⊖     def __init__(self):
25           print("Welcome to Taiwan_Beer_Bank-Georgia_Branch")
26⊖     def setInformation(self):
27           print("We are in Georgia")
28
29  Bank_Of_Alabama_Branch = Taiwan_Beer_Bank_Alabama_Branch()
30  Bank_Of_Alabama_Branch.setInformation()
31
```

```
🖳 Console ✕
<terminated> HelloPython.py [C:\Users\PlayBoy7878978567544\AppData\Local\Programs\Python\
Welcome to Taiwan_Beer_Bank-Alabama_Branch
The Money is 10000
We are in Alabama
```

在上面的範例程式碼當中，最重要的程式碼如下所示：

```
11○ class Taiwan_Beer_Bank_Washington_Branch(Taiwan_Beer_Bank):
12      Money=10000
13○     def __init__(self):
14          print("Welcome to Taiwan_Beer_Bank_Washington_Branch")
15○     def setInformation_Washington_Branch(self):
16          print("The Money is",self.Money)
17○ class Taiwan_Beer_Bank_Alabama_Branch(Taiwan_Beer_Bank_Washington_Branch):
18○     def __init__(self):
19          print("Welcome to Taiwan_Beer_Bank-Alabama_Branch")
20○     def setInformation(self):
21          super().setInformation_Washington_Branch()
22          print("We are in Alabama")
```

其中最關鍵的地方就在於程式碼裡頭的第 21 行，也就是：

super().setInformation_Washington_Branch()

也是一樣，由於子銀行的設計圖 Taiwan_Beer_Bank_Washington_Branch 跟孫銀行的設計圖 Taiwan_Beer_Bank_Alabama_Branch 之間也是帶有繼承的父子關係，因此，我們便可以透過這層繼承關係來讓孫銀行的設計圖 Taiwan_Beer_Bank_Alabama_Branch 藉由 super 來讀取子銀行的設計圖 Taiwan_Beer_Bank_Washington_Branch 裡頭的創業資金也就是 Money=10000 元。

15.8 父孫銀行之間的資訊擷取與調用

在前面，我們已經舉了父子以及子孫銀行資訊之間的擷取，在這裡，我們要來講的是父孫銀行之間的資料擷取與調用，現在讓我們來思考一個問題，既然父子孫銀行從父銀行開始一直到孫銀行為止，它們全部都處於繼承關係，既然是繼承關係，那孫銀行也可不可以透過某些手段，例如像是使用 super 來取得父銀行（你也可以說是祖銀行）裡頭的相關資訊，例如父銀行裡頭的工具，讓我們一起來看看下面的程式碼：

```
P HelloPython ⌧
 1⊖ class Taiwan_Beer_Bank():
 2⊖     def __init__(self):
 3           print("Welcome to Taiwan_Beer_Bank")
 4⊖     def setInformation_Taiwan_Beer_Bank(self):
 5           print("We are Taiwan Bank")
 6⊖ class Taiwan_Beer_Bank_Tokyo_Branch(Taiwan_Beer_Bank):
 7⊖     def __init__(self):
 8           print("Welcome to Taiwan_Beer_Bank_Tokyo_Branch")
 9⊖     def setInformation(self):
10           print("We are in Tokyo")
11⊖ class Taiwan_Beer_Bank_Washington_Branch(Taiwan_Beer_Bank):
12⊖     def __init__(self):
13           print("Welcome to Taiwan_Beer_Bank_Washington_Branch")
14⊖     def setInformation_Washington_Branch(self):
15           print("Thank You Very Much!")
16⊖ class Taiwan_Beer_Bank_Alabama_Branch(Taiwan_Beer_Bank_Washington_Branch):
17⊖     def __init__(self):
18           print("Welcome to Taiwan_Beer_Bank-Alabama_Branch")
19⊖     def setInformation(self):
20           super().setInformation_Taiwan_Beer_Bank()
21           print("We are in Alabama")
22⊖ class Taiwan_Beer_Bank_Georgia_Branch(Taiwan_Beer_Bank_Washington_Branch):
23⊖     def __init__(self):
24           print("Welcome to Taiwan_Beer_Bank-Georgia_Branch")
25⊖     def setInformation(self):
26           print("We are in Georgia")
27
28  Bank_Of_Alabama_Branch = Taiwan_Beer_Bank_Alabama_Branch()
29  Bank_Of_Alabama_Branch.setInformation()
30
```

```
Console ⌧
<terminated> HelloPython.py [C:\Users\PlayBoy7878978567544\AppData\Local\Programs\Python\
Welcome to Taiwan_Beer_Bank-Alabama_Branch
We are Taiwan Bank
We are in Alabama
```

在上面的程式碼當中我們只要注意第 1 行到第 5 行之間的程式碼：

```
P HelloPython ⌧
 1⊖ class Taiwan_Beer_Bank():
 2⊖     def __init__(self):
 3           print("Welcome to Taiwan_Beer_Bank")
 4⊖     def setInformation_Taiwan_Beer_Bank(self):
 5           print("We are Taiwan Bank")
```

以及第 16 到第 21 行之間的程式碼：

```
16⊖ class Taiwan_Beer_Bank_Alabama_Branch(Taiwan_Beer_Bank_Washington_Branch):
17⊖     def __init__(self):
18           print("Welcome to Taiwan_Beer_Bank-Alabama_Branch")
19⊖     def setInformation(self):
20           super().setInformation_Taiwan_Beer_Bank()
21           print("We are in Alabama")
```

而其中最關鍵的地方就在於程式碼裡頭的第 20 行，也就是：

super().setInformation_Taiwan_Beer_Bank()

那是由孫銀行用 super 來調用父銀行（其實也就是祖銀行，講白一點就是孫銀行的爺爺）裡頭的工具：

setInformation_Taiwan_Beer_Bank

現在，再讓我們來看看另外一個例子，假設父銀行裡頭有 Money=16000 元的創業資金，而這創業資金是否能夠讓孫銀行去調用它呢？讓我們來看看下面這個範例：

```python
class Taiwan_Beer_Bank():
    Money=16000
    def __init__(self):
        print("Welcome to Taiwan_Beer_Bank")
    def setInformation_Taiwan_Beer_Bank(self):
        print("The Money is",self.Money)
class Taiwan_Beer_Bank_Tokyo_Branch(Taiwan_Beer_Bank):
    def __init__(self):
        print("Welcome to Taiwan_Beer_Bank_Tokyo_Branch")
    def setInformation(self):
        print("We are in Tokyo")
class Taiwan_Beer_Bank_Washington_Branch(Taiwan_Beer_Bank):
    def __init__(self):
        print("Welcome to Taiwan_Beer_Bank_Washington_Branch")
    def setInformation_Washington_Branch(self):
        print("Thank You Very Much!")
class Taiwan_Beer_Bank_Alabama_Branch(Taiwan_Beer_Bank_Washington_Branch):
    def __init__(self):
        print("Welcome to Taiwan_Beer_Bank-Alabama_Branch")
    def setInformation(self):
        super().setInformation_Taiwan_Beer_Bank()
        print("We are in Alabama")
class Taiwan_Beer_Bank_Georgia_Branch(Taiwan_Beer_Bank_Washington_Branch):
    def __init__(self):
        print("Welcome to Taiwan_Beer_Bank-Georgia_Branch")
    def setInformation(self):
        print("We are in Georgia")

Bank_Of_Alabama_Branch = Taiwan_Beer_Bank_Alabama_Branch()
Bank_Of_Alabama_Branch.setInformation()
```

Console ⊠

<terminated> HelloPython.py [C:\Users\PlayBoy7878978567544\AppData\Local\Programs\Python\
```
Welcome to Taiwan_Beer_Bank-Alabama_Branch
The Money is 16000
We are in Alabama
```

在上面的程式碼當中，重要的地方就在於程式碼的第 1 到第 6 行：

```
P HelloPython ⊠
 1⊖ class Taiwan_Beer_Bank():
 2      Money=16000
 3⊖     def __init__(self):
 4          print("Welcome to Taiwan_Beer_Bank")
 5⊖     def setInformation_Taiwan_Beer_Bank(self):
 6          print("The Money is",self.Money)
```

以及程式碼的第 17 到第 22 行：

```
17⊖ class Taiwan_Beer_Bank_Alabama_Branch(Taiwan_Beer_Bank_Washington_Branch):
18⊖     def __init__(self)
19          print("Welcome to Taiwan_Beer_Bank-Alabama_Branch")
20⊖     def setInformation(self):
21          super().setInformation_Taiwan_Beer_Bank()
22          print("We are in Alabama")
```

而其中最關鍵的地方就在於程式碼裡頭的第 21 行，也就是：

super().setInformation_Taiwan_Beer_Bank()

孫銀行藉由 super 來擷取父銀行當中的創業資金也就是 Money=16000

最後，關於銀行的設計問題咱們就暫且先到這告一段落，然後進入下一個新主題來玩玩，之後我們會再回過頭來看看關於銀行設計相關問題的一些資料，而這些資料屆時我會以補充的方式來讓它們登場，因此請各位放心。

一定要打槍
的 義大利麵

超難吃的義大利麵

有一天晚上我的室友剛下班⋯.

室友：喂！路口那新開了間義大利麵看起來就好像很好吃的樣子耶！

秋秋：所以？

室友：今晚就是它啦！

秋秋：不會吧！這麼快？你不怕又踩到雷？

室友：這次是我親自出馬，只要是我親自出馬就絕對不會踩雷。

秋秋：好吧！不過要是萬一真踩到雷的話，那帳就得算在你頭上。

室友：沒問題，就算在「你」頭上，要是踩到雷很難吃的話，宵夜就由你請客。

秋秋：唷！我就知道！

就這樣，我跟他倆就一同從家裡面往他說的巷子口那的義大利麵餐廳出發，途中為了保險起見，我還特別瞄了幾眼鹹雞雞，並看看哪些鹹雞雞今晚有開，以免悲劇來臨之時我們會不知所措。

到了義大利麵餐廳的時候，我跟他倆一同坐了下來，室友點了蘑菇義大利麵，而我則是點了海鮮義大利麵，然後倆人滿臉期待今晚的好菜能夠上桌，等了十五分鐘之後，我們倆的期待終於上桌了，而上桌之後的第一件事情，就是先對我們今晚的獵物咬一口，而好死不死，偏偏悲劇就是發生在這時候：

室友：他媽的，跟餿水一樣的義大利麵！

秋秋：你小聲點，要是被老闆聽見的話你就死定了

室友：這真的就是這樣，看！我快吃不下去了。

秋秋：忍耐點，等吃完後付了錢，你就有鹹雞雞可以吃了。

就這樣，我們倆人就邊吃義大利麵邊小聲地幹譙，直到吃完後付了錢走人⋯

室友：是誰說要來這間義大利麵的！洗巷！

秋秋：你！就是你！

室友：那你當初為什麼不阻止我啊？啊！義大利麵啊！我的義大利麵！

秋秋：唉！今天真是帶賽，偏偏結果就是跟你去相親的結果一樣，採到雷。

室友：唉！義大利麵啊！我的 B 義大利麵啊！還是我的 B 義大利麵好吃啊！

秋秋：所以以後要吃義大利麵的話⋯.

室友：這間難吃得要死的 A 義大利麵除外。

讓我們把上面的話給整理一下，以後如果室友要和秋秋倆人要一起去吃義大利麵的話就會出現下面的這幾種情況：

情況 1.

試試看要去做什麼：

去吃那間 A 義大利麵

例外：

那間 A 義大利麵是例外，不能吃

情況 2.

試試看要去做什麼：

去吃那間 B 義大利麵

例外：

那間 A 義大利麵是例外，不能吃（所以這時候去吃 B 義大利麵是沒問題的）

讓我們用個表格來整理上面的話：

情況	試問	結果
情況 1	去吃那間 A 義大利麵	踩雷，那間 A 義大利麵是例外，不能吃
情況 2	去吃那間 B 義大利麵	沒踩雷，去吃 B 義大利麵沒問題

好了，我們的故事講完了，現在，就讓我們繼續看下去。

16.2 除以零的情況

我們曾經在小學時代都有做過除法運算，我依稀還記得，如果我在分母的地方寫上 0 的話，這時老師就會告訴我們說那是錯的，至於原因是為什麼？我也是要長大後念了中學時才知道原因，由於我們現在不是在上數學課，所以要是你對這部分的知識不太熟悉的話那也沒關係，讓我們一起先來看看下面的這幾個範例，看完之後我相信你一定就會知道為什麼在除法當中，不好把分母的數字給寫成 0 的原因了，請看下面：

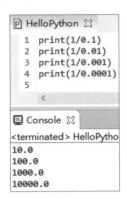

　　對於上面的除法運算各位有沒有發覺到一點，只要分母的數字越來越小，那除出來的結果就會越來越大，這時候我們可以來想一想，假如這時候的分母越來越接近 0 的話，那會發生什麼樣的情況？例如說像下面這個範例：

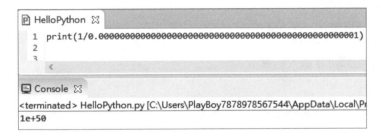

　　答案是：100000000000000000000000000000000000000000000000000

　　對於上面的數字你可別真的自己去數有幾個 0，而是要想，如果分母的數字越來越小，則除出來的結果會越來越大，那如果萬一有一天分母真的為 0 的話，那不就沒法算出結果了是嗎？

　　沒錯，要是哪一天真的在做除法運算的時候分母真的為 0，那到時候我們根本就沒辦法給出一個正確的答案，你說對嗎？

　　讓我們回到我們的 Python，在前面我們已經介紹過用 Python 來執行除法運算，那時候我們並沒有特別地提到說為什麼分母不能為 0 的原因，而現在我們已經知道了，就是因為沒辦法算，但好死不死，如果有一天你不小心把程式給寫錯了，又或者是在人機互動的情況之下把分母給設定為 0 之時，那到時候 Python 也一定會沒辦法給我們一個結果的，所以那時候就一定要把這種情況給設定成例外，你說對嗎？

好，根據上面的情況，讓我們來把上面的情況跟上一節的知識一起來做個整理與歸納，請先回憶一下下面：

情況 1.

試試看要去吃什麼：

　　去吃那間 A 義大利麵

例外：

　　那間 A 義大利麵是例外，不能吃

情況 2.

試試看要去吃什麼：

　　去吃那間 B 義大利麵

例外：

　　那間 A 義大利麵是例外，不能吃（所以這時候去吃 B 義大利麵是沒問題的）

針對上面的情況，讓我們把除以 0 的情況給放進去：

情況 1.

試試看要去做什麼：

　　10/0

例外：

　　10/0 是例外，不能做

情況 2.

試試看要去做什麼：

10/2

例外：

10/0 是例外，不能做（所以這時候去做 10/2 是沒問題的）

以上就是我們對於分母為 0 也就是除以 0 之時所做的解說，請各位先了解本節的內容，下一節，我們將要使用咱們的 Python 來把上面的內容給實現出來。

16.3 用 Python 來做例外處理

在上一節當中，我們已經對除以 0 也就是分母為 0 的情況來做了一個歸納：

情況 1.

試試看要去做什麼：

10/0

例外：

10/0 是例外，不能做

情況 2.

試試看要去做什麼：

10/2

例外：

10/0 是例外，不能做（所以這時候去做 10/2 是沒問題的）

現在，我們要使用 Python 來實現上面的那兩種情況，不過在實現之前讓我們先來用 Python 驗證一下除以 0 的情況是不是真的會出錯，請看下面：

```
HelloPython
 1  print(10/0)
 2
 3
```

```
Console
<terminated> HelloPython.py [C:\Users\PlayBoy7878978567544\AppData\Local\Programs\Python\Python37-32\python.exe]
Traceback (most recent call last):
  File "C:\Users\PlayBoy7878978567544\eclipse-workspace\MyPython\HelloPython.py", line 1, in <module>
    print(10/0)
ZeroDivisionError: division by zero
```

在上圖當中的最後一行，請各位注意這一句話，它是導致程式錯誤的根本原因：

```
ZeroDivisionError: division by zero
```

意思就是你用 0 去除一個數字，結果當然會出錯，而這個出錯的結果，跟我們前面所講的知識一模一樣，也因此，上面的程式碼也直接地證明了我們前面的論述了，你說對嗎？

好，既然除以 0 也就是分母為 0 的情況會出錯，那這時候我們就可以來寫寫咱們的情況 1

情況 1.

試試看要去做什麼：

10/0

例外：

10/0 是例外，不能做

把上面的話給翻成英文（其實也就是翻譯成 Python 的話那就會是這樣）：

```
P HelloPython ⊠
  1  try:
  2      print(10/0)
  3  except:
  4      print("You can't do this")
  5
     <

□ Console ⊠
<terminated> HelloPython.py [C:\Users\Play
You can't do this
```

讓咱們把上面的程式碼跟中文翻譯給用個表格來對應一下：

英語（或者是 Python 程式語言）	漢語對照
try:	試試看
print(10/0)	印出 10 除以 0 的運算結果
except:	例外
print("You can't do this")	你不能這麼做

在上面的程式碼第二行當中，用 10 去除以 0 那是犯規的行為，既然犯規，那就不能做，因此，當程式執行看第二行也就是 print(10/0) 的時候，不但不會執行第二行的程式碼 print(10/0)，反而會看到下面的程式碼第三行也就是 except: 的地方，接著就往程式碼第四行走，也就是去執行 print("You can't do this")。

上面我們已經把情況一給實現出來了，接下來我們要來實現情況二，也就是：

情況 2.

試試看要去做什麼：

10/2

例外：

10/0 是例外，不能做（所以這時候去做 10/2 是沒問題的）

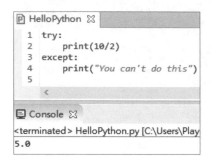

讓咱們把上面的程式碼跟中文翻譯給用個表格來對應一下：

英語（或者是 Python 程式語言）	漢語對照
try:	試試看
print(10/2)	印出 10 除以 2 的運算結果
except:	例外
print("You can't do this")	你不能這麼做

在上面的程式碼第二行當中，用 10 去除以 2 那不是犯規的行為，既然不犯規，那就能做，因此，當程式執行看第二行也就是 print(10/2) 的時候，便會執行第二行的程式碼 print(10/2)，然後把 10/2 的計算結果給印出來。

由於 10/2 是合法的行為，因此下面的程式碼第三行也就是 except: 的地方，程式自然也就不會往那邊走，所以程式碼第四行的部分也就是 print("You can't do this") 當然也就不會被執行了。

16.4 印個感謝詞吧

不知道各位有沒有一個經驗，那就是當你在使用一個軟體或者是程式之後，最後一定會顯示出一句話，像這樣：

感謝您使用本軟體

這句話呢？

我想我們大家應該都有過這種經驗，現在，我們要使用 Python 來實現這個情況，讓我們一起來看看這要怎麼做。

回到我們前面的情況一與情況二，並且在結尾加上一個「最後」的項目：

情況 1.

試試看要去做什麼：

10/0

例外：

10/0 是例外，不能做

情況 2.

試試看要去做什麼：

10/2

例外：

10/0 是例外，不能做（所以這時候去做 10/2 是沒問題的）

最後：

感謝您使用本軟體

好了，對於上面的情況來說，我們都已經有了寫作的方向，也就是在結尾的部份加上「最後」這個項目就搞定了，讓我們來看看我們的 Python，現在，我們要使用 Python 來實現上面的話（以人機互動為範例）：

1. 除以非 0 的情況：

```
[P] HelloPython ✕
  1  numerator=input("Please Enter Numerator:")
  2  denominator=input("Please Enter Denominator:")
  3
  4  try:
  5      print("The Answer(Solution) is",int(numerator)/int(denominator))
  6  except:
  7      print("You can't do this")
  8  finally:
  9      print("Thank You Very Much")
 10
     <
```

```
🖥 Console ✕
<terminated> HelloPython.py [C:\Users\PlayBoy7878978567544\AppData\Local\Programs\
Please Enter Numerator:10
Please Enter Denominator:2
The Answer(Solution) is 5.0
Thank You Very Much
```

2. 除以 0 的情況：

```
[P] HelloPython ✕
  1  numerator=input("Please Enter Numerator:")
  2  denominator=input("Please Enter Denominator:")
  3
  4  try:
  5      print("The Answer(Solution) is",int(numerator)/int(denominator))
  6  except:
  7      print("You can't do this")
  8  finally:
  9      print("Thank You Very Much")
 10
     <
```

```
🖥 Console ✕
<terminated> HelloPython.py [C:\Users\PlayBoy7878978567544\AppData\Local\Programs\
Please Enter Numerator:10
Please Enter Denominator:0
You can't do this
Thank You Very Much
```

　　各位有沒有發現到，不管是除以 0 還是除以非 0，Python 都一定會在最後告訴我們下面這句話：

```
Thank You Very Much
```

好了，上面程式碼的關鍵地方就在於在程式碼的結尾部分加上個關鍵字 finally 之後就一切搞定了。

英文單字加油站：

英文單字	中文翻譯
numerator	分子
denominator	分母
answer	答案
solution	答案（理工科原文書常見到這個單字）
finally	最後

一串文字
的**玩法**

17.1 建立一串文字的玩法

如何建立一串文字？其實只要用單引號或者是雙引號之後，就可以把一串文字給弄出來了，情況如下所示：

在上面的程式碼當中，我們一樣用「＝」為指派。

要注意的是，用單引號或者是雙引號也可以顯示出單獨的一個英文字母，例如上面的英文字母 A，而不一定要是上面的一個完整英文單字 Apple。

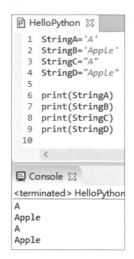

17.2 字串的取法

字串的取法跟前面所講過的串列很像，我們以文字「I Love Python」為例子

編號	字母
0	I
1	空格
2	L
3	o
4	v
5	e
6	空格
7	P
8	y
9	t
10	h
11	o
12	n

所以，讓我們來寫個範例：

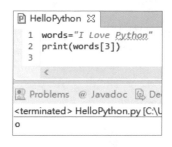

甚至可以給它起個頭之後取出後面的所有文字：

甚至是取部分的文字：

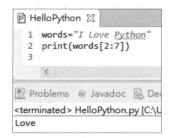

好了，關於字串的取法由於跟前面的串列一樣，因此我就不再重複說明，各位有興趣的話可以自己做實驗，然後來驗證看看結果。

17.3 字串與工具

1. 把數字給轉換成一串文字

2. 把一串文字全部給弄成小寫：

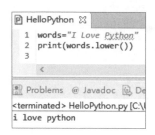

3. 把一串文字全部給弄成大寫：

　　關於工具的介紹我們就到此為止，由於我們不是一本專門介紹 Python 工具（也就是函數或方法）的書籍，因此，如果各位還想要知道如何用工具來活用字串的話，請參考 Python 的官網。

17.4 文字相配

　　假設現在有一個英文單字 Apple，那我想要用這個英文單字 Apple 來跟別的英文單字來做相配那該怎麼做才好呢？想想既然是相配的話，那就要有相配的工具，那既然講到工具，那自然就要有工具箱了，所以我們可以這樣想：

引入 相配工具箱

設定單字為 Apple

從相配工具箱當中來調用 match 這個工具來比對標準單字與設定單字

讓我們把上面的話給改一下，像下面這樣：

引入 相配工具箱

設定單字 =Apple

相配工具箱 .match(標準單字 , 設定單字)

注意，在上面的描述中，相配工具箱與工具 match 之間多了一個「 . 」，那表示調用的意思。

現在，讓我們把上面的話給寫成英文，像下面這樣：

```
import matchtoolbox

setwords=Apple
matchtoolbox. Match( "Apple", setwords)
```

又如果把上面的英文給寫成 Python 程式碼的話，那就會是這樣：

```
import re

Words="Apple"
re.match("Apple",Words)
```

其中的 re 就是我們的相配工具箱 matchtoolbox。

當然啦！上面的程式碼只有相配，卻沒有顯示出相配的結果，因此，我們要把程式碼給加個 print 之後好顯示出相配的結果，如下面的程式碼這樣：

而現在，我們想要拿這個 Apple（應該說是 Words，也就是上面所說的設定單字）來跟程式碼第 4 行裡頭的英文單字 Apple（也就是上面所說的標準單字）一起來做個相配：

```
re.match("Apple",Words)
```

並顯示出結果：

```
print(re.match("Apple",Words))
```

如果相配成功，則是會回傳 Match object，以上面的例子來說，還會顯示出符合相配的區間也就是 span=(0, 5)，最後還會告訴你相配的結果 match='Apple'。

關於 span 的話是這樣：

單字	號碼編號 0	號碼編號 1	號碼編號 2	號碼編號 3	號碼編號 4
設定單字 Words 裡頭的單字 Apple	A	p	p	l	e
標準單字 Apple	A	p	p	l	e

如果把標準單字給改一下的話：

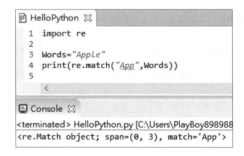

這時候我們已經把標準單字給改成了「App」這三個英文字母，請注意程式碼的運行結果：

```
<re.Match object; span=(0, 3), match='App'>
```

你看 match 的部分，是不是只有 App 而已。

Python 基礎的

最後衝刺 - 基礎篇

18.1 基礎語法的部分 – 輸出與條件判斷

前面的內容我相信各位應該都可以學會，不過，當中有些基礎的部分我還沒有講完，因此，那些基礎的部分就留待本章來講一講。

1. 大量地使用「 - 」來區隔開上下文

在前面，我們一直使用工具 print 來幫我們做事情，其實 print 這個工具在使用上還有一些小小的小技巧，請各位來看一下：

以上就是在 print 當中來使用「 - 」區隔開上下文，目的就是可以讓你對程式碼的解讀可以比較清楚。

2. 程式使用註解

程式使用註解的目的就是說，可以讓自己知道寫這行或這段程式碼是幹嘛用，通常人的記憶力都沒那麼好，再加上如果以後你因故離職，或者是你寫完程式之後要把程式交由別人來修改或者是管理，這時候有個程式註解不但可以方便自己，更能夠方便別人，甚至是方便大家日後修改。

至於方法很簡單，只要加上個「 # 」之後就一切搞定囉，程式碼如下圖所示。

3. 不能把關鍵字拿來做變數使用

Python 裡頭保留了很多的關鍵字，如下所示：

and	as	assert	async	await
break	class	continue	def	del
elif	else	except	exec	False
finally	for	from	global	if
import	in	is	lambda	None
nonlocal	not	or	pass	print
raise	return	True	try	while
with	yield			

讓我們來看個範例之後就知道了，首先不是關鍵字的情況：

現在是使用關鍵字 break 的情況：

```
P HelloPython ✕
⊗ 1  break=5
   2  print(break)
   3
      <

R Problems  @ Javadoc  Q Declaration  🖳 Console ✕          ⬛ ✖ ⚒ Q 🗐
<terminated> HelloPython.py [C:\Users\PlayBoy8989889677412\AppData\Local\Programs\Python\Python37-32\pytho
  File "C:\Users\PlayBoy8989889677412\eclipse-workspace\MyFirstPython\HelloPython.py", line 1
    break=5
         ^
SyntaxError: invalid syntax
```

把數字 5 給丟進非關鍵字 number1 裡頭去是沒問題的，但如果把數字 5 給
丟進關鍵字 break 裡頭去的話則是一定會出錯，情況如第二個範例所示。

4. 縮排

縮排的概念就好像你在學校裡頭寫作文的時候，一開始都要空格的意思一
樣：

```
P HelloPython ✕
   1  if(5>3):
   2      print("Hello Python")
   3
      <

R Problems  @ Javadoc  Q Declar
<terminated> HelloPython.py [C:\User
Hello Python
```

如果你沒有縮排，那程式就一定會出現錯誤：

```
P HelloPython ✕
   1  if(5>3):
⊗ 2  print("Hello Python")
   3
      <

R Problems  @ Javadoc  Q Declaration  🖳 Console ✕          ⬛ ✖ ⚒ Q 🗐
<terminated> HelloPython.py [C:\Users\PlayBoy8989889677412\AppData\Local\Programs\Python\Python37-32\pytho
  File "C:\Users\PlayBoy8989889677412\eclipse-workspace\MyFirstPython\HelloPython.py", line 2
    print("Hello Python")
         ^
IndentationError: expected an indented block
```

5. 一行同時宣告多個變數

例如說宣告 a、b 和 c 在一行裡
頭一次解決：

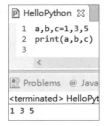

也可以寫成像下面這樣：

或這樣：

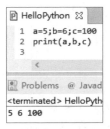

6. 輸出不分行

意思就是在同一行裡頭輸出：

只要在輸出的後面加上個 end 之後就搞定了。

7. True 和 False 可用 1 和 0 來表示

　　True=1 而 False=0，所以如果反轉它們的話，我們會得到：

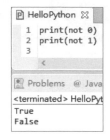

8. 科學記號

　　科學記號會用在科學計算上，例如說像是計算化學上的莫爾數，10 的 23 次方你要是真的在 6.02 的後面來寫上 23 個 0 想必一定是非常地不切實際，因此，我們就用「e」來表示這個數字乘上了 10，而「e」的後面則表示 10 的次方數，這樣一來你就不用寫那麼多個 0 了，程式碼如下所示：

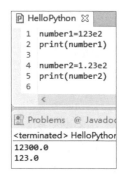

　　123e2 表示數字 123 乘上 10 的二次方也就是 100，至於 1.23e2 的意思也是一樣，表示數字 1.23 也是乘上 10 的二次方也一樣是 100。

9. bool 的運用

　　Bool 可以幫我們回傳 True 或者是 False：

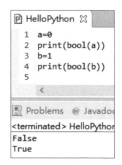

10. True 或者是 False 也可以有型別

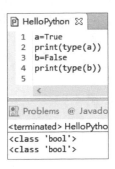

11. True 或者是 False 也可以來做運算

在上例中，由於 True=1 而 False=0，因此把 True 拿來加上 1 的話就會是 2，而把 False 拿來加上 1 的話則會是 1。

18.2 基礎語法的部分 - 循環的部分

1. 把 True 和 False 給導入循環當中

我們在前面已經有講過了 True 和 False 的基本觀念，其實 True 和 False 也可以用在循環的設計上，程式碼如下所示：

這是 True 的情況：

這是 False 的情況：

2. 在 While 循環之內加入 else

在循環之內加入 else 的話，可以讓程式來判斷條件滿足與不滿足的狀況：

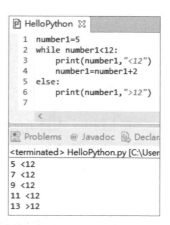

3. 設個標誌來玩循環

我們在前面曾經使用過 True 以及 False 來導入循環當中，其實用 0 和 1 的話也一樣可以達到一樣的效果：

在上面的程式碼當中，我們先設定一個標準 flag，並且讓它等於 0，由於 0 就是代表 False，因此，程式並不會執行任何的結果，但如果是 1 的話那就完全不一樣了，這時候 1 就會代表 True，程式碼如下所示：

4. 使用 range 來玩跳步

在前面，我們曾經玩過了跳房子的技巧，現在，我們也可以把這種技巧給用在 for 循環上面，程式碼如下所示：

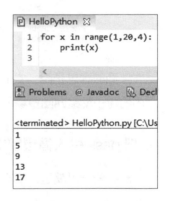

起跳以及跳步均為負數也可以：

5. 雙重循環

雙重循環的意思是說，在循環之內再放入循環，以雙重循環的情況來說，當最外面的循環跑一次之時，裡面的循環就會被全部執行：

```
1  for x in range(1,3):
2      print("Turtle run %d circle" %x)
3      print("====================")
4      for y in range(1,5):
5          print("Rabbit run %d circle" %y)
6
```

```
<terminated> HelloPython.py [C:\Users\PlayBoy89898896]
Turtle run 1 circle
====================
Rabbit run 1 circle
Rabbit run 2 circle
Rabbit run 3 circle
Rabbit run 4 circle
Turtle run 2 circle
====================
Rabbit run 1 circle
Rabbit run 2 circle
Rabbit run 3 circle
Rabbit run 4 circle
```

上面的意思是說，當 for 循環最外圍的烏龜每跑一圈操場的時候，for 循環之內的兔子就跑四圈操場。

6. 把 pass 引入循環當中

pass 的意思就是什麼事情都不做，因此，引入循環的時候也是一樣：

```
1  for x in range(1,10):
2      pass
3
4  while True:
5      pass
6
```

HelloPython.py [C:\Users\PlayBoy898

7. 循環與串列等

我們也可以把串列等給套入循環之中，以下就是：

8. 循環與型別

如果用串列再加上循環的畫，可以取出串列當中的資料型態，例如說現在有個串列，裡頭有整數以及小數的組合，但如果在循環之中我們只規定對每個數取出整數的話，那串列當中的每個數就會自然而然地被轉換成整數之後取了出來：

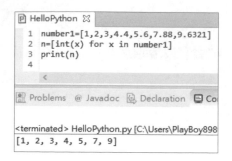

也許你會問，那如果要取小數呢？聰明的你一定知道，只要把上面的 int 給改成 float 的話那就一切搞定了：

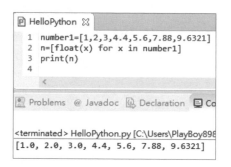

18.3 基礎語法的部分 - 工具設計與運用的部分

1. global 問題的研究

假設現在學校裡頭有十箱水，而這十箱水是大家都可以喝的，因此又被稱為公共飲水 water，由於公共飲水是大家都可以喝的，因此這公共飲水會被放在全校裡頭包含老師在內大家都可以取得到的地方。

如果這時候有同學自己帶來了十五箱水，而這十五箱水的名字也叫 water，它跟公共飲水一樣也都是水，差別只在於自己帶來的水是屬於自己私有的，因此，性質跟公共飲水不一樣，既然如此，那我們要怎麼去區別它們之間的不同呢？

很簡單，只要在公共飲水的 water 前面加上一個字 global 而成為 global water 的話，這樣大家就知道這個帶有標籤的水 water 前面有個 global，因此，就是屬於大家都可以喝的水啦！

好，故事講完了，讓我們開始寫程式吧！首先是學校裡頭有十箱水，而這十箱水是大家都可以喝的公共飲水 water：

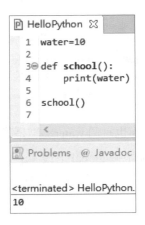

如果同學自己帶來了十五箱水，而這十五箱水的名字也叫 water：

```
P HelloPython ⊠
1  water=10
2
3⊖ def school():
4      print(water)
5      water=15
6
7  school()
8
     <
```

Problems @ Javadoc Declaration Console ⊠

```
<terminated> HelloPython.py [C:\Users\PlayBoy8989889677412\AppData\Local\Programs\Python\Python37-32\python.exe]
Traceback (most recent call last):
  File "C:\Users\PlayBoy8989889677412\eclipse-workspace\MyFirstPython\HelloPython.py", line 7, in <module>
    school()
  File "C:\Users\PlayBoy8989889677412\eclipse-workspace\MyFirstPython\HelloPython.py", line 4, in school
    print(water)
UnboundLocalError: local variable 'water' referenced before assignment
```

這時候出錯的原因並不是因為後面沒有 print：

```
P HelloPython ✕
  1  water=10
  2
  3⊖ def school():
  4      print(water)
  5      water=15
  6      print(water)
  7
  8  school()
  9
     <
```

```
Problems  @ Javadoc  Declaration  Console ✕
<terminated> HelloPython.py [C:\Users\PlayBoy8989889677412\AppData\Local\Programs\Python\Python37-32\python.exe]
Traceback (most recent call last):
  File "C:\Users\PlayBoy8989889677412\eclipse-workspace\MyFirstPython\HelloPython.py", line 8, in <module>
    school()
  File "C:\Users\PlayBoy8989889677412\eclipse-workspace\MyFirstPython\HelloPython.py", line 4, in school
    print(water)
UnboundLocalError: local variable 'water' referenced before assignment
```

而是裡面有 water 而外面也有個 water，誰是誰根本就分不清楚，所以只要加上個 global 之後，一切就搞定了：

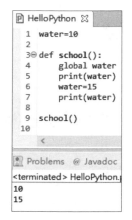

程式碼第四行的意思是說規定 global water 是屬於公共飲水 water，而公共飲水的數量會在程式碼的第五行當中顯示出來，也就是：

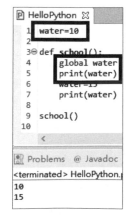

至於程式碼第六行的意思是說，同學自己帶來了 water 十五箱水，而這十五箱水的數量則是由程式碼的七行所顯示出來，也就是：

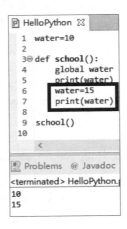

由於學校外的水 water 是大家可以一起來共用的，所以又被稱為全域變數。

注意的是，會出現全域變數這個現象並不是因為 water 的數量不同所以才導致這個錯誤：

```
HelloPython ✕
1  water=10
2
3⊖ def school():
4      print(water)
5      water=10
6      print(water)
7
8  school()
9
```

```
Problems  @ Javadoc  Declaration  Console ✕
<terminated> HelloPython.py [C:\Users\PlayBoy8989889677412\AppData\Local\Programs\Python\Python37-32\python.exe]
Traceback (most recent call last):
  File "C:\Users\PlayBoy8989889677412\eclipse-workspace\MyFirstPython\HelloPython.py", line 8, in <module>
    school()
  File "C:\Users\PlayBoy8989889677412\eclipse-workspace\MyFirstPython\HelloPython.py", line 4, in school
    print(water)
UnboundLocalError: local variable 'water' referenced before assignment
```

主要是因為同樣都是 water，school 內的 water 和 school 外的 water 是不一樣的。

2. 變數範圍的建立

這個範例有點意思，如果把工具 fun 裡頭的 number1 直接設為 10 的話：

當然這件事情你也可以在外面做：

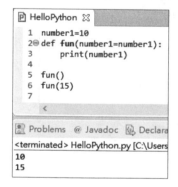

如果你在 fun 裡頭丟了新的數字進去的話，那就是以新數字為準，例如 15：

```
HelloPython ⊠
1  number1=10
2⊖ def fun(number1=number1):
3      print(number1)
4
5  fun()
6  fun(15)
7
   <
```

```
Problems  @ Javadoc  Declara
<terminated> HelloPython.py [C:\Users
10
15
```

最後的情況是用 number2 裡頭的 20 來蓋過 number1 裡頭的數字 10：

```
HelloPython ⊠
1  number1=10
2  number2=20
3⊖ def fun(number1=number2):
4      print(number1)
5
6  fun()
7
   <
```

```
Problems  @ Javadoc  Declara
<terminated> HelloPython.py [C:\Users
20
```

3. 在工具中放個工具

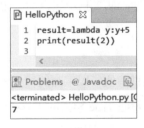

在這個範例裡頭，我們規定了兩個工具 fun1 以及 fun2，並且把 fun1 給放進 fun2 裡頭去。

4. lambda 的用法

lambda 就只是個運算式，裡頭只能有一則運算式：

或者是：

5. Curry 的用法

```
HelloPython ⌧
1 def fun1(num1):
2     def fun2(num2):
3         return num1+num2
4     return fun2
5
6 print(fun1(10)(20))
7

Problems  @ Javadoc  Decla
<terminated> HelloPython.py [C:\Use
30
```

Curry 這個概念有點像是把兩個工具給組合在一起，在工具 fun1 中，首先把 10 給丟進去 num1 裡頭去，之後程式執行到 fun2，此時把 20 給丟進去 num2 裡頭去，最後回傳 num1+num2 的相加結果。

請注意，工具是：

```
fun1(10)(20)
```

這樣子的用法就好像是把兩個工具給組合在一起。

6. 工具傳回真假值

我們的工具也可以傳回真假值，以下面的程式碼第二行來說，10 大於 2 是真的（True），因此，程式會把 True 給丟回工具 fun 裡頭去，這時候會執行程式碼的第七行，如果是工具 fun 裡頭的結果是 True 的話，那就印出「I love Python」這幾個字，程式碼如下所示：

```
HelloPython ⌧
1 def fun():
2     if(10>2):
3         return True
4     else:
5         return False
6
7 if(fun()):
8     print("I love Python")
9 else:
10     print("I love Java")
11

Problems  @ Javadoc  Declarati
<terminated> HelloPython.py [C:\Users\
I love Python
```

但如果程式碼第二行的情況是
10 小於 2 是假的（False）情況，因
此，程式會把 False 給丟回工具 fun
裡頭去，這時候會執行程式碼的第
七行，如果是工具 fun 裡頭的結果是
False 的話，那就印出「I love Java」
這幾個字，程式碼如下所示：

```
def fun():
    if(10<2):
        return True
    else:
        return False

if(fun()):
    print("I love Python")
else:
    print("I love Java")
```

```
<terminated> HelloPython.py [C:\Users\...
I love Java
```

7. 當參數為串列之時

```
def fun(*a,b=[]):
    b.append(a)
    print(b)

fun(2,4,6,8,10)
```

```
<terminated> HelloPython.py
[(2, 4, 6, 8, 10)]
```

8. 當參數為 None 之時

```
def fun(*a,b=None):
    if b is None:
        b=[]
    b.append(a)
    print(b)

fun(1,3,5,7,9)
```

```
<terminated> HelloPython.py [C...
[(1, 3, 5, 7, 9)]
```

9. 關鍵字引數

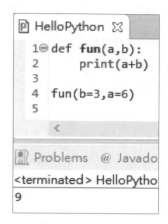

特別是你記得有這個參數，卻忘了它們的順序時，就可以用這種寫法來指定參數。但要注意的是，一旦用這方式指定參數，後面的參數也一定要這麼寫。也就是說，不能像下面這樣寫：

```
fun(b=3,6)
```

10. 引數中放入字典

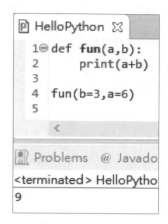

參數中，指定兩個星號，可以讓參數變成 dict，好處就是你的參數就變成可以隨意變動的。但要注意，用兩個星號使參數可隨意變動，可別濫用，如果沒寫好文件，別人將不知道怎麼呼叫這個函數。

11. 用 * 來拆解迭代物件

　　2 和 10 代表 a 和 b，而 range 當中的 5 會輸出 0、1、2、3、4 這五個數字，而這五個數字則是帶進 c、d、e、f、g。原則上上面那一個星號，在參數中代表「展開」。先看看 range(5)：

```
range(5) -> [0,1,2,3,4]
```

沒有展開直接將 range(5) 當參數會是這樣：

```
fun(2,10,range(5)) -> fun(2,10,[0,1,2,3,4])
```

加上了星號表示展開，就成了：

```
fun(2,10,*range(5)) -> fun(2,10,0,1,2,3,4)
```

18.4 基礎語法的部分 - 串列的部分

1. 使用 if 來判斷數字是否在串列之內

　　這是不在的情況：

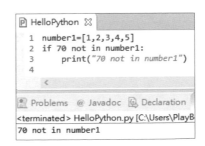

這是在的情況：

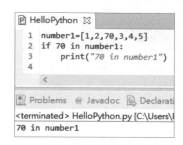

2. 迭代器的使用

迭代器就是從資料當中取出資料，每次取一個資料，直到資料被取完你可以想成我們去銀行，進到銀行時我們第一件事是抽號碼，每一個人抽都會抽到新號碼，下一個人就抽到下一號，號碼一直改變：

```
HelloPython ⌛
 1  number1=[1,54,2,70,3,4,5,10]
 2  new_number1=iter(number1)
 3  print(next(new_number1))
 4  print(next(new_number1))
 5  print(next(new_number1))
 6  print(next(new_number1))
 7  print(next(new_number1))
 8  print(next(new_number1))
 9  print(next(new_number1))
10  print(next(new_number1))
11
```

```
Problems  @ Javadoc  Declaration
<terminated> HelloPython.py [C:\Users\Play
1
54
2
70
3
4
5
10
```

當然啦！以上的寫法是最不好同時也是最吃力的，建議你用 for 來做：

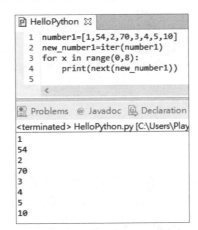

```
HelloPython ✕
1  number1=[1,54,2,70,3,4,5,10]
2  new_number1=iter(number1)
3  for x in range(0,8):
4      print(next(new_number1))
5
```

```
Problems  @ Javadoc  Declaration
<terminated> HelloPython.py [C:\Users\Play
1
54
2
70
3
4
5
10
```

在上面的程式碼當中，工具 iter 會先把串列給轉換成物件 new_number1 之後，再由工具 next 去把串列中的數字給逐各地取出來。

3. 小心出界

出界的意思就是說，找出不存在的索引值，情況如下所示：

```
HelloPython ✕
1  number1=[1,54,2,70,3,4,5,10]
2  new_number1=iter(number1)
3  for x in range(0,9):
4      print(next(new_number1))
5
```

```
Problems  @ Javadoc  Declaration  Console ✕                    ⬛ ✕ ✖ ⬚ 🗔 | 🗎 ⬚ 🗎 🗗 🗗
<terminated> HelloPython.py [C:\Users\PlayBoy8989889677412\AppData\Local\Programs\Python\Python37-32\python.exe]
1
54
2
70
3
4
5
10
Traceback (most recent call last):
  File "C:\Users\PlayBoy8989889677412\eclipse-workspace\MyFirstPython\HelloPython.py", line 4, in <module>
    print(next(new_number1))
StopIteration
```

上面的意思是說，本來編號最多就只到 7 號，如果硬要讀到 8 號，那就會出現錯誤，也包括下面的這個例子

```
HelloPython ⊠
1  number1=[1,54,2,70,3,4,5,10]
2  print(number1[8])
3
   ‹
```

```
Problems  @ Javadoc  Declaration  Console ⊠        ■ ✖ ✖ ◯ ☰ | ☰ ☰ ☰ ☰
<terminated> HelloPython.py [C:\Users\PlayBoy8989889677412\AppData\Local\Programs\Python\Python37-32\python.exe]
Traceback (most recent call last):
  File "C:\Users\PlayBoy8989889677412\eclipse-workspace\MyFirstPython\HelloPython.py", line 2, in <module>
    print(number1[8])
IndexError: list index out of range
```

4. 串列中再放其他的型別

我們在串列當中又放入了串列、序對、集合甚至是字典等：

```
HelloPython ⊠
1  number1=[1,[54,2,70],(3,4),5,{10,24,100},{"Rena":85,"Yukie":92,"Mai":88}]
2  print(number1)
3
   ‹
```

```
Problems  @ Javadoc  Declaration  Console ⊠        ■ ✖
<terminated> HelloPython.py [C:\Users\PlayBoy8989889677412\AppData\Local\Programs\Python\Pyt
[1, [54, 2, 70], (3, 4), 5, {24, 10, 100}, {'Rena': 85, 'Yukie': 92, 'Mai': 88}]
```

5. 串列必須與串列相接，與其他相接會發生錯誤：

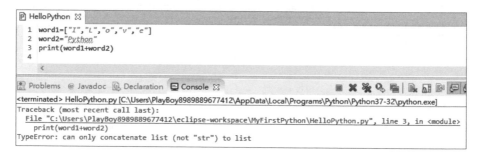

```
HelloPython ⊠
1  word1=["I","L","o","v","e"]
2  word2="Python"
3  print(word1+word2)
4
   ‹
```

```
Problems  @ Javadoc  Declaration  Console ⊠        ■ ✖ ✖ ◯ ☰ | ☰ ☰ ☰ ☰
<terminated> HelloPython.py [C:\Users\PlayBoy8989889677412\AppData\Local\Programs\Python\Python37-32\python.exe]
Traceback (most recent call last):
  File "C:\Users\PlayBoy8989889677412\eclipse-workspace\MyFirstPython\HelloPython.py", line 3, in <module>
    print(word1+word2)
TypeError: can only concatenate list (not "str") to list
```

關於串列的更多操作，請參考官網：

https://docs.python.org/3/tutorial/datastructures.html#more-on-lists

18.5 基礎語法的部分 - 序對的部分

1. 使用工具 tuple 來建立序對

```
P HelloPython ⊠
1 words="Hello Python"
2 print(tuple(words))
3
```

```
Problems  @ Javadoc  Declaration  Console ⊠
<terminated> HelloPython.py [C:\Users\PlayBoy8989889677412\AppData\Lo
('H', 'e', 'l', 'l', 'o', ' ', 'P', 'y', 't', 'h', 'o', 'n')
```

2. 使用工具 tuple 來把串列給轉成序對

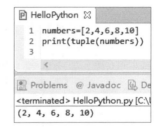

```
P HelloPython ⊠
1 numbers=[2,4,6,8,10]
2 print(tuple(numbers))
3
```

```
Problems  @ Javadoc  De
<terminated> HelloPython.py [C:\
(2, 4, 6, 8, 10)
```

3. 序對相加

```
P HelloPython ⊠
1 numbers1=(1,3,5,7,9)
2 numbers2=(2,4,6,8,10)
3 print(numbers1+numbers2)
4
```

```
Problems  @ Javadoc  Declaratio
<terminated> HelloPython.py [C:\Users\P
(1, 3, 5, 7, 9, 2, 4, 6, 8, 10)
```

4. 序對的自我複製

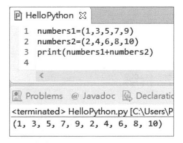

```
P HelloPython ⊠
1 numbers1=(1,3,5,7,9)
2 print(numbers1*3)
3
```

```
Problems  @ Javadoc  Declaration  Console
<terminated> HelloPython.py [C:\Users\PlayBoy89898896
(1, 3, 5, 7, 9, 1, 3, 5, 7, 9, 1, 3, 5, 7, 9)
```

5. 使用 index 來取得元素第一次出現的編號

6. 逐各地讀取序對當中的元素

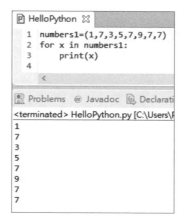

7. 拆解

例如把一串文字 words="Python" 改拆分成 a,b,c,d,e,f，其中：

變數	對應字母
a	P
b	y
c	t
d	h
e	o
f	n

程式碼如下所示：

```
HelloPython 
1  words="Python"
2  a,b,c,d,e,f=words
3  print(a,b,c,d,e,f)
4

Problems  @ Javadoc
<terminated> HelloPython.py [
P y t h o n
```

　　文字有許多特性與陣列很相似，上面的操作感覺 words 像 ["P", "y", "t", "h", "o", "n"]，所以將來要注意，程式沒寫好的話，很容易將字串給切成一個個的字元。

　　關於序對的更多操作，請參考官網：

https://docs.python.org/3/tutorial/datastructures.html#tuples-and-sequences

18.6 基礎語法的部分 - 字典的部分

1. 字典中可放序對或串列，藉此來生成字典：

```
HelloPython 
1  FaceIndex=dict([("Rena",85),("Yukie",92)])
2  print(FaceIndex)
3

Problems  @ Javadoc  Declaration  Console 
<terminated> HelloPython.py [C:\Users\PlayBoy8989889677
{'Rena': 85, 'Yukie': 92}
```

當然你也可以這麼寫：

```
HelloPython 
1  FaceIndex=dict([["Rena",85],["Yukie",92]])
2  print(FaceIndex)
3

Problems  @ Javadoc  Declaration  Console 
<terminated> HelloPython.py [C:\Users\PlayBoy8989889677
{'Rena': 85, 'Yukie': 92}
```

2. 也可以藉由工具 zip 來生成字典：

zip() 就像拉鏈一樣，將兩個 list 縫在一起。比如說：

```
list1 = ['a','b','c','d','e']
list2 = [1,2,3,4,5]
```

既然是拉鏈，通常兩個 list 數量是相同的。如果不同，那 合出來的數量會變成較少的那個 list。上面兩個 list 縫合結果會是：

```
[('a',1),('b',2),('c',3),('d',4),('e',5)]
```

用 dict() 就可以將上面的 list 變成一般的 dict。

```
dict([('a',1),('b',2),('c',3),('d',4),('e',5)]) ->
{'a':1,'b':2,'c':3,'d':4,'e':5}
```

3. 一對多

name 所對應到的名字是 ('Rena', 'Yukie')，是序對，至於 FaceIndex 所對應到的顏值是 [85, 92] 則是串列：

你也可以這麼寫：

```
P HelloPython ✕
  1  FaceIndex={"first":{"name":("Rena","Yukie","Mai")},
  2             "second":["FaceIndex",[85,92]],
  3             "country":("Japan","Australia")}
  4  print(FaceIndex)
  5
     ◁
```

```
Problems  @ Javadoc  Declaration  Console ✕              ■ ✕ ✖ ⚙ ⛁ ⬚ ⬚ ⬚ ⬚
<terminated> HelloPython.py [C:\Users\PlayBoy8989889677412\AppData\Local\Programs\Python\Python37-32\python.exe]
{'first': {'name': ('Rena', 'Yukie', 'Mai')}, 'second': ['FaceIndex', [85, 92]], 'country': ('Japan', 'Australia')}
```

關於字典的更多操作，請參考官網：

https://docs.python.org/3/tutorial/datastructures.html#dictionaries

18.7 基礎語法的部分 - 集合的部分

1. 用工具 set 來創建集合：

```
P HelloPython ✕
  1  word1=set(["Apple","Computer","Zoo"])
  2  print(word1)
  3
     ◁
```

```
Problems  @ Javadoc  Declaration  Cons
<terminated> HelloPython.py [C:\Users\PlayBoy89898
{'Computer', 'Zoo', 'Apple'}
```

也可以這樣寫：

```
P HelloPython ✕
  1  word1=set(("Apple","Computer","Zoo"))
  2  print(word1)
  3
     ◁
```

```
Problems  @ Javadoc  Declaration  Cons
<terminated> HelloPython.py [C:\Users\PlayBoy89898
{'Zoo', 'Apple', 'Computer'}
```

最後，讓我們來補充一下集合的用法，集合通常是用在數學上，一般來講有四種情況：

1. 聯集
2. 交集
3. 差集
4. 相對差集

讓我們先來說說聯集的情況，假如我的戰利品裡頭有片片：

```
Capture_of_my={"Yaya","Madoka","Hinano","Yaya","Yaya","Sora","Kaede","Maria","Yuria","Sora"}
```

```
Capturef_of_myroommat={"Yaya","Mai","Yaya","Madoka","Hinano","Sora","Kaede","Sora","Sora","Yuria"}
```

而所謂的聯集，就是指把我戰利品裡頭的片片跟我室友戰利品裡頭的片片給放在一起，但是把重複的部份給去掉，也就是說：

| Yaya | Madoka | Hinano | Yaya | Yaya | Sora | Kaede | Maria | Yuria | Sora |
| Yaya | Mai | Yaya | Madoka | Hinano | Sora | Kaede | Sora | Sora | Yuria |

所以：

| Yaya | Madoka | Hinano | Yaya | Yaya | Sora | Kaede | Maria | Yuria | Sora |
| | Mai | | | | | | | | |

最後取出來的結果就是：

Yaya、Madoka、Hinano、Sora、Kaede、Maria、Yuria、Mai

程式碼如下所示：

```
P HelloPython ✕
 1  Capture_of_my={"Yaya","Madoka","Hinano","Yaya","Yaya",
 2               "Sora","Kaede","Maria","Yuria","Sora"}
 3  Capturef_of_myroommat={"Yaya","Mai","Yaya","Madoka",
 4                    "Hinano","Sora","Kaede","Sora","Sora","Yuria"}
 5
 6  print(Capture_of_my.union(Capturef_of_myroommat))
 7
    <

 Problems  @ Javadoc  Declaration  Console ✕
<terminated> HelloPython.py [C:\Users\PlayBoy8989889677412\AppData\Local\Programs\Py
{'Hinano', 'Kaede', 'Maria', 'Yuria', 'Madoka', 'Mai', 'Sora', 'Yaya'}
```

交集的話就是指，找出我的片片以及室友的片片當中的共同片片：

Yaya	Madoka	Hinano	Yaya	Yaya	Sora	Kaede	Maria	Yuria	Sora
Yaya	Mai	Yaya	Madoka	Hinano	Sora	Kaede	Sora	Sora	Yuria

所以就是：

Yaya、Madoka、Hinano、Sora、Kaede、Yuria

程式碼如下所示：

```
P HelloPython ✕
 1  Capture_of_my={"Yaya","Madoka","Hinano","Yaya","Yaya",
 2               "Sora","Kaede","Maria","Yuria","Sora"}
 3  Capturef_of_myroommat={"Yaya","Mai","Yaya","Madoka",
 4                    "Hinano","Sora","Kaede","Sora","Sora","Yuria"}
 5
 6  print(Capture_of_my.intersection(Capturef_of_myroommat))
 7
    <

 Problems  @ Javadoc  Declaration  Console ✕
<terminated> HelloPython.py [C:\Users\PlayBoy8989889677412\AppData\Local\Programs\Py
{'Kaede', 'Madoka', 'Yuria', 'Yaya', 'Hinano', 'Sora'}
```

再來就是差集，差集的意思就是把我的片片跟室友的片片拿去相減，或者是把我室友的片片減去我的片片：

Yaya	Madoka	Hinano	Yaya	Yaya	Sora	Kaede	Maria	Yuria	Sora
Yaya	Mai	Yaya	Madoka	Hinano	Sora	Kaede	Sora	Sora	Yuria

如果是把我的片片跟室友的片片拿去相減，則情況會是：

							Maria		
	Mai								

所以最後只會剩下 Maria，程式碼如下所示：

```
Capture_of_my={"Yaya","Madoka","Hinano","Yaya","Yaya",
               "Sora","Kaede","Maria","Yuria","Sora"}
Capturef_of_myroommat={"Yaya","Mai","Yaya","Madoka",
               "Hinano","Sora","Kaede","Sora","Sora","Yuria"}

print(Capture_of_my.difference(Capturef_of_myroommat))
```

```
Problems  @ Javadoc  Declaration  Console
<terminated> HelloPython.py [C:\Users\PlayBoy8989889677412\AppData\Local\Programs\Pyth
{'Maria'}
```

但如果是把室友的片片跟我的片片拿去相減，則情況會是：

	Mai								
							Maria		

所以最後只會剩下 Mai，程式碼如下所示：

```
P HelloPython  ⊠
1   Capture_of_my={"Yaya","Madoka","Hinano","Yaya","Yaya",
2                  "Sora","Kaede","Maria","Yuria","Sora"}
3   Capturef_of_myroommat={"Yaya","Mai","Yaya","Madoka",
4                  "Hinano","Sora","Kaede","Sora","Sora","Yuria"}
5
6   print(Capturef_of_myroommat.difference(Capture_of_my))
7
    <
```
```
 Problems   @ Javadoc   Declaration   Console ⊠
<terminated> HelloPython.py [C:\Users\PlayBoy8989889677412\AppData\Local\Programs\Py
{'Mai'}
```

所以誰減誰就變得很重要了。

最後一個則是相對差集（XOR 互斥），玩法是這樣，兩個戰利品互減之後，再把剩下來的結果做聯集運算，例如說把室友的片片跟我的片片拿去相減，則情況會是：

	Mai								
							Maria		

接著把 Mai 以及 Maria 給相加起來之後就一切搞定啦！程式碼如下所示：

```
P HelloPython  ⊠
1   Capture_of_my={"Yaya","Madoka","Hinano","Yaya","Yaya",
2                  "Sora","Kaede","Maria","Yuria","Sora"}
3   Capturef_of_myroommat={"Yaya","Mai","Yaya","Madoka",
4                  "Hinano","Sora","Kaede","Sora","Sora","Yuria"}
5
6   print(Capturef_of_myroommat.symmetric_difference(Capture_of_my))
7
    <
```
```
 Problems   @ Javadoc   Declaration   Console ⊠
<terminated> HelloPython.py [C:\Users\PlayBoy8989889677412\AppData\Local\Programs\Py
{'Maria', 'Mai'}
```

關於集合的更多操作，請參考官網：

https://docs.python.org/3/tutorial/datastructures.html#sets

Python 基礎的

最後衝刺- 物件篇

⑲.1 現出你的真面目

　　在前面，我們已經介紹過像整數、串列、序對以及字典等等的東東，現在，我們要請 Python 來告訴我們，它們的真面目以及其詳細的內容到底為何？怎麼做？讓我們一起來看看下面的範例程式碼：

```
P HelloPython ⊠
1  number1=5
2  print(number1.__doc__)
3
```

```
Console ⊠
<terminated> HelloPython.py [C:\Users\PlayBoy7878978567544\AppData\Local\Programs\
int([x]) -> integer
int(x, base=10) -> integer

Convert a number or string to an integer, or return 0 if no arguments
are given.  If x is a number, return x.__int__().  For floating point
numbers, this truncates towards zero.

If x is not a number or if base is given, then x must be a string,
bytes, or bytearray instance representing an integer literal in the
given base.  The literal can be preceded by '+' or '-' and be surrounded
by whitespace.  The base defaults to 10.  Valid bases are 0 and 2-36.
Base 0 means to interpret the base from the string as an integer literal.
>>> int('0b100', base=0)
4
```

　　在範例程式碼的第一行當中，我們把數字 5 給丟進了盒子 number1 裡頭去（你也可以說盒子 number1 指向數字 5），而在範例程式碼的第二行當中，我們則是讓盒子 number1 調用了「__doc__」這個東西，現在問題來了，「__doc__」這個東西的功能是什麼呢？請看程式碼執行結果的第一行：

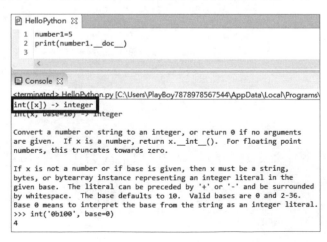

也就是說，「__doc__」的功能就是告訴我們盒子 number1 以及盒子 number1 裡頭所放的數字的類型是整數 integer，換句話說，當我們讓盒子 number1 藉由調用「__doc__」之後，「__doc__」它就可以讓盒子 number1 以及裡頭所放的數字的類型的真面目給當場現了出來。

要是各位還有疑問的話，讓我們來看看下面的另一個範例：

```
P HelloPython ⊠
1  number1=3.14
2  print(number1.__doc__)
3
<

Console ⊠
<terminated> HelloPython.py [C:\Users\PlayBoy7878978567544\AppData\Local\Prog
Convert a string or number to a floating point number, if possible.
```

上面的結果告訴我們盒子 number1 以及裡頭所放的數字的類型的真面目是個浮點數。

PS：

如果各位有讀過本書的前一版也就是《秋聲教你玩 Python- 邊玩邊學更易上手》的 P.185 頁裡頭可以看到下面的這兩句話：

float(x) → floating point number

Convert a string or number to a floating point number, if possible.

由於我們現在所用的 Python 版本是 3.7，而在《秋聲教你玩 Python- 邊玩邊學更易上手》那本書當中我們所用的 Python 版本並不是 3.7，因此上面程式的執行結果少了第一行：

float(x) → floating point number

之所以會出現此結果的原因為何目前仍然不明，日後若讀者有解，屆時在請各位來信指教。

以及此程式經過審校測試，其結果也是一樣，少了第一行的：

```
float(x) → floating point number
```

接下來讓我們來看看其他的情況，例如串列：

```
P HelloPython ⊠
  1  number1=[1,2,3,4,5]
  2  print(number1.__doc__)
  3
     <
□ Console ⊠
<terminated> HelloPython.py [C:\Users\PlayBoy7878978567544\AppData\Local\P
Built-in mutable sequence.

If no argument is given, the constructor creates a new empty list.
The argument must be an iterable if specified.
```

請各位注意下面的這一段話：

```
Built-in mutable sequence.
```

其中，英文單字 Built-in 的意思就是指「嵌入的」，而 mutable 的意思就是指「可變的」，至於 sequence 的意思就是指「順序」或「序列」。

序對的話則是：

```
P HelloPython ⊠
  1  number1=(1,2,3,4,5)
  2  print(number1.__doc__)
  3
     <
□ Console ⊠
<terminated> HelloPython.py [C:\Users\PlayBoy7878978567544\AppData\Local\Programs
Built-in immutable sequence.

If no argument is given, the constructor returns an empty tuple.
If iterable is specified the tuple is initialized from iterable's items.

If the argument is a tuple, the return value is the same object.
```

其中，英文單字 immutable 的意思就是指「不可變的」。

集合：

```
P HelloPython ⊠
  1  number1={1,2,3,4,5}
  2  print(number1.__doc__)
  3
     <
□ Console ⊠
<terminated> HelloPython.py [C:\Users\PlayBoy78789785675
set() -> new empty set object
set(iterable) -> new set object

Build an unordered collection of unique elements.
```

以及字典：

```
🗎 HelloPython ⌗
  1  number1={"Rena":95,"Yukie":85}
  2  print(number1.__doc__)
  3
    <

📋 Console ⌗
<terminated> HelloPython.py [C:\Users\PlayBoy7878978567544\AppData\Local\Progra
dict() -> new empty dictionary
dict(mapping) -> new dictionary initialized from a mapping object's
    (key, value) pairs
dict(iterable) -> new dictionary initialized as if via:
    d = {}
    for k, v in iterable:
        d[k] = v
dict(**kwargs) -> new dictionary initialized with the name=value pairs
    in the keyword argument list.  For example:  dict(one=1, two=2)
```

最後，讓我們來看一下複數：

```
🗎 HelloPython ⌗
  1  number1=complex(2,3)
  2  print(number1.__doc__)
  3
    <

📋 Console ⌗
<terminated> HelloPython.py [C:\Users\PlayBoy7878978567544\AppData\Local\Programs
Create a complex number from a real part and an optional imaginary part.

This is equivalent to (real + imag*1j) where imag defaults to 0.
```

19.2 __name__ 的用法：（大家要注意一點，__name__ 是 name 前後都是兩個底線 _ 。）

首先讓我們回到我們的 Eclipse 當中

用滑鼠左鍵來點選我們的專案名稱

按下滑鼠右鍵，點選 New → PyDev Module

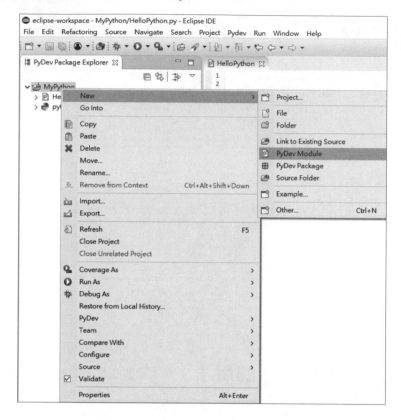

出現創建工具箱（模組）的畫面

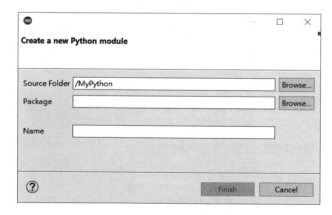

在名稱 Name 的地方寫上工具箱（模組）的名字 PlayPython

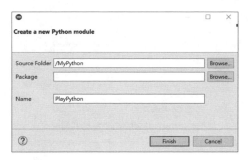

點選 Finish

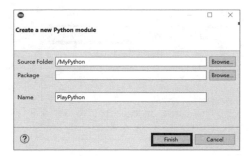

這時候我們已經創建了工具箱 PlayPython，接著請按下 OK

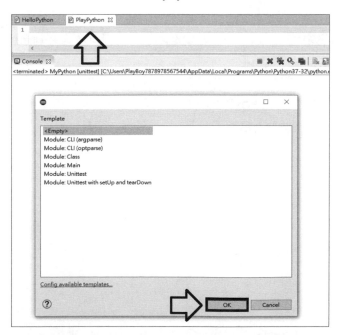

請注意我們此時已經有兩個工具箱，它們分別是 HelloPython 以及 PlayPython：

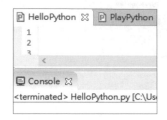

讓我們用滑鼠左鍵來點選工具箱 PlayPython，並且在那裡頭寫上程式碼 print(__name__)：

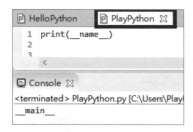

並且在執行之後我們會得到 __main__。（大家要注意，__main__ 也是前後兩個底線）

工具箱	調用方式	顯示結果
PlayPython	__name__	__main__

如果我們在工具箱 PlayPython 裡頭引入工具箱 HelloPython，並且配合上表的調用方式，則我們會得到：

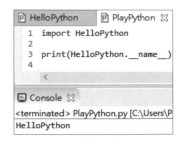

讓我們用個表格來看看：

工具箱	調用方式	顯示結果
PlayPython	__name__	__main__
PlayPython	HelloPython.__name__	HelloPython

接下來，讓我們在工具箱 PlayPython 裡頭寫上下面的程式碼：

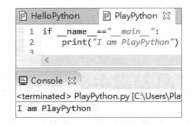

在上面的程式碼當中，主要是說明了在工具箱 PlayPython 當中，如果調用 __name__ 的結果等於 __main__ 的話，則印刷出 I am PlayPython 這句話。

那也許你會問，表格都已經告訴我們在工具箱 PlayPython 當中，調用 __name__ 的話其結果就一定會等於 __main__，這我們不是已經證明過了嗎？

要是你有疑問的話，讓我們來看看下面的這個例子：

在上面的那個例子當中，主要是說明了在工具箱 PlayPython 當中，如果調用 HelloPython.__name__ 的結果等於 __main__ 的話，則印刷出 I am PlayPython 這句話，但問題是，從表格當中我們已經證明過了在工具箱 PlayPython 當中，如果調用 HelloPython.__name__ 的結果會等於 HelloPython，而不會等於 __

main__，因此印刷出 I am PlayPython 這句話並不會被程式給執行。

這特點可以方便工程師在工具箱裡，用

```python
if __name__ == "__main__":
    測試程式()
```

在裡面寫上測試程式，當別的程式引用工具箱時，因為 __name__ 不會等於 __main__，就不會觸發測試程式。

19.3 從其他工具箱當中來調用工具

在上一節當中，我們一共設立了兩個工具箱，現在，我要在其中一個工具箱裡頭放進我們自己所設計的工具，然後由另一個工具來調用它，看我們怎麼做。

首先用滑鼠左鍵點選工具箱 HelloPython，並且在工具箱 HelloPython 當中寫上下列的程式碼：

寫完之後點選工具箱 PlayPython，並且在工具箱 PlayPython 當中一樣也寫上程式碼：

之後並執行，這時候就會顯示出結果 I am Fun_HelloPython。

讓我們一起來看看上面的程式碼，關鍵的地方就在於工具箱 PlayPython：

程式語言	中文意思
import HelloPython	引入工具箱 HelloPython
HelloPython.Fun_HelloPython()	從工具箱 HelloPython 當中來調用工具 Fun_HelloPython()

19.4 可以把玩的運算子

在前面，我們有說過像是「+、-、*、\」（從左向右依序念過來的話就是加減乘除）這些運算子它們的功用，而那些功用，就跟我們日常生活裡頭買張片片時，你跟店員討價還價時所用到的加減乘除完全一樣，既然如此，那運算子又有什麼好講的？

有！當然有，邪惡的我們哪會這麼地循規蹈矩地玩程式，例如像下面的這道程式碼，本來明明就是 10 跟 6 相加，但是加出來的結果卻會是 4！那你說，這是不是還真他媽的惡搞？

其實這也不是算什麼太大的惡搞，在程式語言的世界裡頭，我們只是把加號「+」給修改成減號「-」而已，問題是這怎麼解？讓我們來想一下思路。

假如有個邪惡的傢伙說，我現在要把加號「+」給重新設計成減號「-」，而以後只要誰一調用我所重新設計出來的加號「+」的話，那他其實就是在調用減號「-」，舉例來說要是某人寫 10+6 的話，那原本的預期結果 16 將不會出現，而是會出現 4，不管他怎麼做都是一樣，就是 4。（我們這裡講的是一種叫做運算子多載的情況，可不是真的用 10 去加上 6）

好了，事情光講是沒有用的，讓我們來實際地看一下程式碼，程式碼如下圖所示：

```
P HelloPython ⊠
 1⊖ class Test():
 2⊖     def __init__(self,number1):
 3              self.number1=number1
 4⊖     def __add__(self,other):
 5              n1=self.number1-other.number1
 6              return Test(n1)
 7⊖     def __str__(self):
 8              return "The Number is "+str(self.number1)
 9  T1=Test(10)
10  T2=Test(6)
11  T3=T1+T2
12  print(T3)
13
    <
⊟ Console ⊠
<terminated> HelloPython.py [C:\Users\PlayBoy7878978567544\Ap
The Number is 4
```

讓我們先來看看程式碼的第 9 行，那是說把 10 給丟進 Test 裡頭去，並且建立了物件 T1（物件 T1 就像是前面所說過的台啤銀 Bank_Of_Taiwan_Beer），這時候程式碼會這樣運行：

```
def __init__(self,number1):
        self.number1=number1
```

由於把數字 10 給丟進去了，所以就變成了：

```
def __init__(self,10):
        self.number1=10
```

此時 T1 的 self.number1=10。

再來看看程式碼的第 10 行，那是說把 6 給丟進 Test 裡頭去，並且建立了物件 T2（物件 T2 也像是前面所說過的台啤銀 Bank_Of_Taiwan_Beer），這時候程式碼也會這樣運行：

```
def __init__(self,number1):
        self.number1=number1
```

由於把數字 6 給丟進去了，所以就變成了：

```
def __init__(self,6):
        self.number1=6
```

此時 T2 的 self.number1=6。

接下來執行程式碼的第 11 行，那是說把物件 T1 跟物件 T2 給相加起來，並且放進了物件 T3 裡頭去，也就是 T3=T1+T2。

此時關鍵的地方就在這裡，當 T1 要準備「加上」T2 之時，也就是準備執行 T1+T2，而只要一碰到加號「+」這時候就會進入我們的程式碼第 4 行，也就是：

```
def __add__(self,other):
        n1=self.number1-other.number1
        return Test(n1)
```

其中，self.number1 指的是 T1 的 self.number1=10，至於 other.number1 指的是 T2 的 self.number1=6，而運算後的結果 n1=4，接著執行程式碼的第 6 行 Test(4)，並且返回結果，此時 T3=Test(4)。

當 T3=Test(4) 的時候，那是說把 4 給丟進 Test(4) 裡頭去，並且建立了物件 T3（T3 也是前面所說過的台啤銀 Bank_Of_Taiwan_Beer），這時候程式碼會這樣運行：

```
def __init__(self,number1):
        self.number1=number1
```

由於把數字 4 給丟進去了，所以就變成了：

```
def __init__(self,4):
        self.number1=4
```

此時 T3 的 self.number1=4。

最後執行程式碼的第 12 行，最後會呼叫

```python
def __str__(self):
        return "The Number is "+str(self.number1)
```

也就是：

```python
def __str__(self):
        return "The Number is "+str(4)
```

注意，此時的 self.number1=4。

接下來我要給大家看看多個數字的情況，程式碼如下所示：

```python
1  class Test():
2      def __init__(self,number1,number2,number3):
3          self.number1=number1
4          self.number2=number2
5          self.number3=number3
6      def __add__(self,other):
7          n1=self.number1-other.number1
8          n2=self.number2-other.number2
9          n3=self.number3-other.number3
10         return Test(n1,n2,n3)
11     def __str__(self):
12         return " The Number1 is " +str(self.number1)\
13             + " The Number2 is " +str(self.number2)\
14             + " The Number3 is " +str(self.number3)\
15
16 T1=Test(10,12,16)
17 T2=Test(6,5,3)
18 T3=T1+T2
19 print(T3)
20
```

Console

```
<terminated> HelloPython.py [C:\Users\PlayBoy7878978567544\AppData
 The Number1 is 4 The Number2 is 7 The Number3 is 13
```

最後來個惡作劇，把加號給改成「-、*、/、%」（減乘除以及求餘）的情況：

```
1  class Test():
2      def __init__(self,number1,number2,number3,number4):
3          self.number1=number1
4          self.number2=number2
5          self.number3=number3
6          self.number4=number4
7      def __add__(self,other):
8          n1=self.number1-other.number1
9          n2=self.number2*other.number2
10         n3=self.number3/other.number3
11         n4=self.number4%other.number4
12         return Test(n1,n2,n3,n4)
13     def __str__(self):
14         return " The Number1 is " +str(self.number1)\
15             + " The Number2 is " +str(self.number2)\
16             + " The Number3 is " +str(self.number3)\
17             + " The Number4 is " +str(self.number4)\
18
19  T1=Test(10,12,16,20)
20  T2=Test(6,5,4,3)
21  T3=T1+T2
22  print(T3)
23
```

```
Console ⊠
<terminated> HelloPython.py [C:\Users\PlayBoy7878978567544\AppData\Local\Program
 The Number1 is 4 The Number2 is 60 The Number3 is 4.0 The Number4 is 2
```

19.5 從銀行外派駐警衛進駐銀行裡

這個例子比較特別，是屬於插入的情況，怎麼說呢？假設現在有間銀行，而銀行想要配置幾名警衛，程式碼如下所示：

```
1  class Security():
2      def __init__(self,number):
3          self.number=number
4  class Bank():
5      def __init__(self,name,security):
6          self.name=name
7          self.security=security
8      def Information(self):
9          print("The Name Of The Bank is",self.name)
10         print("The Security Number Of The Bank are:",self.security.number)
11
12 sec=Security(4)
13 bank=Bank("TaiwanBeerBank",sec)
14 bank.Information()
15
```

Console ☒

```
<terminated> HelloPython.py [C:\Users\PlayBoy7878978567544\AppData\Local\Programs\Python\
The Name Of The Bank is TaiwanBeerBank
The Security Number Of The Bank are: 4
```

在程式碼的第 12 行當中，我們配置了 4 名警衛，並且設了個警衛 sec，也就是：

```
class Security():
    def __init__(self,number):
        self.number=number
```

所以：

```
class Security():
    def __init__(self,4):
        self.number=number
```

最後則是：

```
class Security():
    def __init__(self,4):
        self.number=4
```

所以此時警衛 sec 的 self.number=4，請先記住這個結論。

接著來看看第 13 行，我們在銀行 Bank 裡頭放置了

1. 銀行的名字 TaiwanBeerBank

以及

2. 警衛 sec

此時程式會來到程式碼的第 4 行 class Bank()：

```
class Bank():
    def __init__(self,name,security):
        self.name=name
        self.security=security
```

接著是執行程式碼的第 5 行

```
class Bank():
    def __init__(TaiwanBeerBank, sec):
        self.name=name
        self.security=security
```

然後是第 6 以及第 7 行：

```
class Bank():
    def __init__(TaiwanBeerBank, sec):
        self.name= TaiwanBeerBank
        self.security=sec
```

最後當執行程式碼第 14 的時候，就會顯示銀行名以及警衛數給我們了。

19.6 類別方法

　　類別方法是這樣子的，簡單來說就是把類別拿來實際地運用，怎麼用呢？就像下面的 cls 一樣把它給當成參數，以及別忘了在工具的上面加上 @classmethod 嘿：

```
HelloPython ⌧
1⊖ class Taiwan_Beer_Bank():
2        Money=10000
3        @classmethod
4⊖   def calculator(cls,Money1,Money2):
5            return cls.Money+Money1+Money2
6
7⊖ class Taiwan_Beer_Bank_Tokyo_Branch():
8        Money=20000
9        @classmethod
10⊖  def calculator(cls,Money1,Money2):
11           return cls.Money+Money1+Money2
12
13  print("The Money Of Taiwan_Beer_Bank is",Taiwan_Beer_Bank.calculator(5000, 2000),"Dollars")
14  print("The Money Of Tokyo_Branch is",Taiwan_Beer_Bank_Tokyo_Branch.calculator(4000, 7000),"Dollars")
15
```

```
Console ⌧
<terminated> HelloPython.py [C:\Users\PlayBoy7878978567544\AppData\Local\Programs\Python\Python37-32\python.exe]
The Money Of Taiwan_Beer_Bank is 17000 Dollars
The Money Of Tokyo_Branch is 31000 Dollars
```

在設計圖 Taiwan_Beer_Bank 中，我們有個工具是 calculator 也就是計算機，而計算機當中的 cls 就是類別參數，也就是說，cls 代表著設計圖 Taiwan_Beer_Bank，然後程式碼第 5 行當中的：

```
cls.Money
```

意思就是說讓設計圖 Taiwan_Beer_Bank 去取 Money=10000。

接下來，在子銀行的設計圖 Taiwan_Beer_Bank_Tokyo_Branch 當中也有個工具 calculator 也一樣是計算機，而計算機當中的 cls 也是類別參數，也就是說，cls 代表著設計圖 Taiwan_Beer_Bank_Tokyo_Branch，然後程式碼第 11 行當中的：

```
cls.Money
```

意思就是說讓設計圖 Taiwan_Beer_Bank_Tokyo_Branch 去取 Money=20000。

在上面的範例裡頭，對於沒有繼承關係的例子我們可以想成說，假設父子倆都各自有一台完全屬於自己計算機 calculator，而爸爸用他自己的計算機可以計算出爸爸他想要的結果，至於兒子的話，兒子也是使用他自己的計算機然後計算出兒子自己想要的結果。

上面的情況很簡單，接下來我們要來看個例子，假設父子倆之間帶有繼承關係，並且只有爸爸有計算機，而兒子沒有，這時候爸爸要用自己的計算機那是絕對沒問題的，但如果兒子要用計算機的話，這時候兒子就會向爸爸那借來用囉，情況如下面的程式碼所示：

```python
class Taiwan_Beer_Bank():
    Money=10000
    Bank_Name="Taiwan_Beer_Bank"
    @classmethod
    def calculator(cls):
        print("%s has %d dollars" % (cls.Bank_Name,cls.Money))

class Taiwan_Beer_Bank_Tokyo_Branch(Taiwan_Beer_Bank):
    Money=20000
    Bank_Name="Taiwan_Beer_Bank_Tokyo_Branch"

Taiwan_Beer_Bank.calculator()
Taiwan_Beer_Bank_Tokyo_Branch.calculator()
```

```
Console
<terminated> HelloPython.py [C:\Users\PlayBoy7878978567544\AppData\Local\Pro
Taiwan_Beer_Bank has 10000 dollars
Taiwan_Beer_Bank_Tokyo_Branch has 20000 dollars
```

在上面的程式碼當中，我們只有在父銀行的設計圖 Taiwan_Beer_Bank 裡頭只放了一台計算機 calculator。

當程式執行到第 12 行的時候，我們直接用父銀行的設計圖 Taiwan_Beer_Bank 來調用計算機 calculator，這是絕對沒問題的，而執行情況則是這樣：

1.
```python
Money=10000
    Bank_Name="Taiwan_Beer_Bank"
    @classmethod
    def calculator(cls):
        print("%s has %d dollars" % (cls.Bank_Name,cls.Money))
```

2.
```python
Money=10000
    Bank_Name="Taiwan_Beer_Bank"
    @classmethod
```

```
def calculator(cls):
        print("%s has %d dollars" % (Taiwan_Beer_Bank,10000))
```

所以最後結果就會顯示出：

```
Taiwan_Beer_Bank has 10000 dollars
```

這句話出來。

注意，用的是父銀行裡頭的 Money=10000 以及 Bank_Name="Taiwan_Beer_Bank"。

但如果是執行到程式碼的第 13 行的時候，用子銀行的設計圖 Taiwan_Beer_Bank_Tokyo_Branch 來調用計算機 calculator，但由於子銀行裡頭並沒有計算機 calculator，所以這時候子銀行就會跑去父銀行那把子銀行他老爹父銀行的計算機 calculator 給借來用一下。

```
def calculator(cls):
        print("%s has %d dollars" % (cls.Bank_Name,cls.Money))
```

並且用的自己的 Money=20000 以及 Bank_Name="Taiwan_Beer_Bank_Tokyo_Branch"，也就是：

```
def calculator(cls):
        print("%s has %d dollars" % (Taiwan_Beer_Bank_Tokyo_
Branch, 20000))
```

所以才會有了下面的執行結果：

```
Taiwan_Beer_Bank_Tokyo_Branch has 20000 dollars
```

簡單來講就是：

1. 假如爸爸和兒子倆都有計算機，那就各用各的計算機，誰也不用誰的。

2. 假如只有爸爸有計算機，但兒子沒有，那兒子就直接幹走爸爸的計算機來用。

類別方法和一般方法最大的不同點就是，類別方法不用等到銀行建出來，就可以使用。比如說，銀行的利息計算公式，是寫在銀行設計圖的，我們要計算利息，不需要等到銀行建立出來才能夠計算，我們只要將設計圖拿出來，根據上面的公式來算就可以了。像這種和設計圖相關、不是和銀行物件有關的，就是類別方法。

19.7 靜態方法

靜態方法是這樣子的，講白一點就是直接用設計圖的名字來做事情，例如說調用工具，以及使用的時候請記得寫上 @staticmethod，程式碼如下所示：

```
HelloPython ⊠
1  class Taiwan_Beer_Bank():
2      @staticmethod
3      def calculator(Money1,Money2):
4          return Money1+Money2*5
5
6  print("The Money is",Taiwan_Beer_Bank.calculator(10000, 6000),"Dollars")
7
```

```
Console ⊠
<terminated> HelloPython.py [C:\Users\PlayBoy7878978567544\AppData\Local\Programs\Pytho
The Money is 40000 Dollars
```

如果有兩個工具的名稱相同，此時為了避免混淆的話可以用這種方式來呼叫，請看下面的程式碼：

```
HelloPython ⊠
1  def calculator(Money1,Money2):
2          return Money1+Money2
3
4  class Taiwan_Beer_Bank():
5      @staticmethod
6      def calculator(Money1,Money2):
7          return Money1+Money2*5
8
9  print("The Money is",calculator(10000, 6000),"Dollars")
10 print("The Money is",Taiwan_Beer_Bank.calculator(10000, 6000),"Dollars")
11
```

```
Console ⊠
<terminated> HelloPython.py [C:\Users\PlayBoy7878978567544\AppData\Local\Programs\Pytho
The Money is 16000 Dollars
The Money is 40000 Dollars
```

好了，以上就是靜態方法的優點，希望各位多多活用。

 裝飾器

1. 把函數當參數用

```
P HelloPython ⊠
1⊖ def fun1():
2       return 100
3
4⊖ def fun2(num):
5       return lambda:num()*10
6
7  fun1=fun2(fun1)
8  print(fun1())
9
<

R Problems  @ Javadoc  ℚ Declaratio
<terminated> HelloPython.py [C:\Users\P
1000
```

2. 裝飾器

```
P HelloPython ⊠
1⊖ def fun2(num):
2       return lambda:num()*6
3
4  @fun2
5⊖ def fun1():
6       return 100
7
8  print(fun1())
9
<

R Problems  @ Javadoc  ℚ Declarat
<terminated> HelloPython.py [C:\Users\
600
```

我們可以把第一個範例當中的 fun1=fun2(fun1) 給改寫成 @fun2，而這種寫法就是裝飾器。

裝飾器簡單說就是修改、改變函數行為的東西，比如說，我想將所有的函數多加個打招呼：

```
def Hello(func):
    def new_func():
        print(' Hello ')
        return func()
    return new_func
```

　　這個 Hello() 會定義一個新的 new_func()，new_func() 的行為就是印出"Hello" 然後將原本的 func() 結果傳回給你。

　　Hello() 最後的傳回值是 new_func，也就是將剛才新定義出來的函數傳回來，取代原來的函數。

　　現在我們有一個傳回 100 的函數

```
def func1():
    return 100
```

　　我們加上了裝飾器，然後用 print() 來印出結果：

```
@Hello
def func1():
    return 100

print(func1())
```

　　我們執行並印出來就會是

```
Hello
100
```

　　雖然我們執行的是 func1()，實際上 func1() 已經不是原來的 func1()，而是經過 Hello() 改造過了。

以下是完整的程式碼：

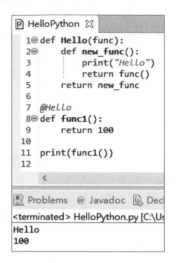

```
def Hello(func):
    def new_func():
        print("Hello")
        return func()
    return new_func

@Hello
def func1():
    return 100

print(func1())
```

```
Hello
100
```

上面的例子 func1() 是沒有參數的，如果我有參數的函數不就不能用了？我們可以用 *args, **kwargs 來解決：

```
def Hello(func):
    def new_func(*args,**kwargs):
        print("Hello")
        return func(*args,**kwargs)
    return new_func

@Hello
def func1():
    return 100

@Hello
def func2(a, b):
    return a + b

print(func1())
print(func2(1, 2))
```

```
Hello
100
Hello
3
```

裝飾器的行為其實和電腦病毒有點像，病毒存下某函數的真實位置，然後自己取代這個函數接受其他程式的呼叫，所有呼叫函數的都會先經過電腦病毒，電腦病毒可能改變參數，將錯誤數值送到原本真正的函數，或是真正函數的計算結果接收並修改，再傳給呼叫函數的程式。總之，原本函數原本出現的結果，已經被改變。

Python 模組
與 應用介紹

Python 的應用很廣，如果你只有前面的基礎，是很難做出什麼像樣的東西出來，如果想要做出點小東西出來的話，這時候各位可以活用 Python 本身所提供的模組（也就是工具箱）裡頭的函數（也就是工具箱裡頭的工具）。

20.1 模組 turtle 和模組 time

模組 turtle 可以提供些像是畫圖的功能，而模組 time 則是提供時間控制的功能，例如像下面的這道程式：

```
1
2⊖ import turtle
3  import time
4
5  canvas1 = turtle.Pen()
6  canvas1.forward(200)
7  time.sleep(5)
8
```
（HelloPython ✕）

在程式中，我們引用了模組 turtle，而 turtle 裡頭有 Pen 這個函數，因此，我們從模組 turtle 當中來調用 Pen 的話程式的寫法就是 turtle.Pen()，意思就是說從工具箱 turtle 裡頭來取出一隻名字叫做 Pen 的筆，並且把這支筆給取一個名字叫做 canvas1 的代號（還記得吧？我們都用代號來做事情，因為那很方便）。

至於剩下的部分：

```
canvas1.forward(200)
```

的意思是說，用 Pen 這枝筆來向右畫條 200 畫素的直線（英語單字 forward 的意思就是向前，至於向前多長呢？就看後面的數字 200，因此，forward(200) 的意思就想成是向右走 200 步的意思），而：

```
time.sleep(2)
```

的意思是說，從工具箱 time 裡頭取出一個名字叫做 sleep 的功能，而這功能具有暫停的作用，至於暫停的時間是多久呢？那就看 sleep(2) 當中的數字 2，也就是 2 秒鐘。

程式的執行結果如下所示：

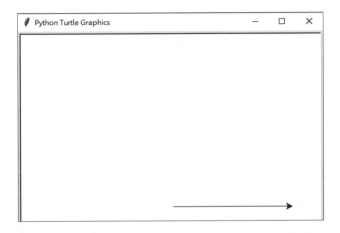

各位可以看看，上面的箭頭是黑色，那如果我們想要給箭頭上色呢？例如說是紫色 Purple 的話：

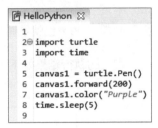

那就只是多了行：

```
canvas1.color("Purple")
```

意思就是給線條上色。

程式的執行結果如下所示：

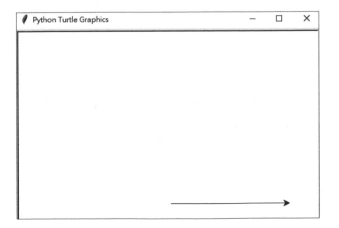

要是覺得向右跑還不夠，還打算讓它轉彎的話，那我可以這麼做，請看下面的程式碼：

```
📓 HelloPython ⊠
 1
 2⊖ import turtle
 3  import time
 4
 5  canvas1 = turtle.Pen()
 6  canvas1.forward(200)
 7  canvas1.left(90)
 8  canvas1.color("Purple")
 9  time.sleep(5)
10
```

我們只是增加了道程式碼：

```
canvas1.left(90)
```

之後，就讓箭頭發生轉彎（left 的意思是向左轉，至於轉多大呢？答案是後面的數字 90，也就是轉 90 度角的意思）

程式的執行結果如下所示：

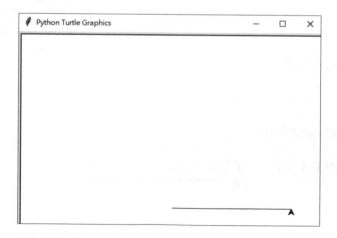

要是覺得光轉彎還不夠，我還想讓轉彎後的線條跑，很簡單，請看下面的這道程式：

```
📓 HelloPython ⊠
 1
 2⊖ import turtle
 3  import time
 4
 5  canvas1 = turtle.Pen()
 6  canvas1.forward(200)
 7  canvas1.left(90)
 8  canvas1.forward(200)
 9  canvas1.color("Purple")
10  time.sleep(5)
11
```

也一樣，只是說了道：

```
canvas1.forward(200)
```

而已。

程式的執行結果如下所示：

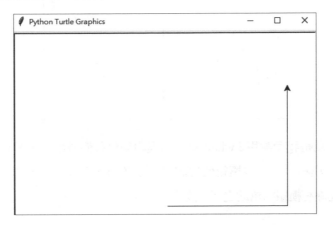

最後，如果想畫個正方形，並且正方形裡頭還多個對角線的話那程式就是長這樣：

```
1
2⊖ import turtle
3  import time
4
5  canvas1 = turtle.Pen()
6  canvas1.left(45)
7  canvas1.forward(283)
8  canvas1.color("Green")
9  t1=time.sleep(1)
10
11 canvas2 = turtle.Pen()
12 canvas2.forward(200)
13 canvas2.left(90)
14 canvas2.forward(200)
15 canvas2.color("Purple")
16 t1=time.sleep(1)
17
18 canvas3 = turtle.Pen()
19 canvas3.left(90)
20 canvas3.forward(200)
21 canvas3.right(90)
22 canvas3.forward(200)
23 canvas3.color("Brown")
24 t1=time.sleep(1)
```

程式的執行結果如下所示：

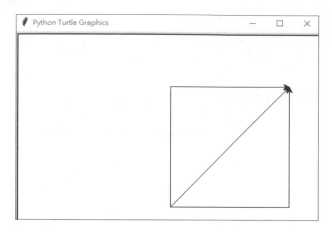

　　以上，就是我們調用 Python 當中的模組來幫我們做事情，其實 Python 裡頭還有很多模組，而這些模組使用起來都很方便，而所謂的程式（尤其是軟體），就是在有模組的幫助之下，誕生了出來。

20.2 GUI

GUI 是個很有趣的東西，它主要是由模組 tkinter 所提供：

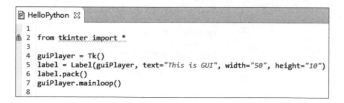

在程式當中,我們調用了 Label,並且在那裡頭寫上了些文字:

```
Label(guiPlayer, text="This is GUI", width="50", height="10")
```

其中的:

Width 表示 GUI 的寬度

height= 表示 GUI 的高度

剩下的函數呼叫的部分各位讀者朋友們若有興趣的話可以上 Python 的官網查詢。

20.3 按鈕

按鈕也是一樣,要使用按鈕的功能就得調用出模組 tkinter 出來:

程式的執行結果如下所示:

在上面的範例當中,把按鈕 Hello 給按下去之後程式沒有反應,那是因為我們沒有寫出按下按鈕之後程式會做什麼事情,因此,下面我就要來示範,當按下按鈕時會出現一句:

```
Play With Python!
```

```
 1
 2  from tkinter import *
 3
 4⊖ def PrintFunction():
 5      print ("Play With Python!")
 6
 7  test=Tk()
 8  button=Button(test,text="Hello", command=PrintFunction)
 9  button.pack()
10  mainloop()
11
```

程式的執行結果如下所示，首先，是出現按鈕：

準備點選按鈕：

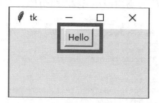

點選按鈕，此時文字 Play With Python! 出現：

20.4 新增文件

前面講的都是模組的功能，現在我們來講一個應用，這個應用是建立文件，並且在文件裡頭寫些東西進去的範例：

上面的內容很簡單，其實就只是使用了：

```
fileTest=open('MyPythonFile.txt','w')
```

來建立文件，而當中的：

```
MyPythonFile.txt
```

意思是建立的文件名稱，而後面的：

```
w
```

意思就是寫的意思，寫什麼呢？答案是下面的 Play 這四個字：

```
fileTest.write("Play")
```

程式的執行結果如下所示，首先，點選箭頭所指向的符號：

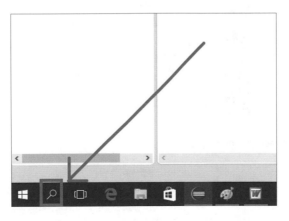

然後寫上 workspace 這幾個字：

點選檔案 workspace：

進入了檔案 workspace 裡頭去：

名稱	修改日期	類型	大小
.metadata	2017/6/24 下午 1...	檔案資料夾	
PythonPlayer	2017/6/26 上午 1...	檔案資料夾	

點選專案名稱：

進入專案裡頭去了：

名稱	修改日期	類型	大小
__pycache__	2017/6/26 上午 1...	檔案資料夾	
TestPython	2017/6/26 上午 1...	檔案資料夾	
.project	2017/6/25 下午 1...	PROJECT 檔案	1 KB
.pydevproject	2017/6/25 下午 1...	PYDEVPROJECT ...	1 KB

點選 package 的名稱：

進去了：

名稱	修改日期	類型	大小
__pycache__	2017/6/25 下午 1...	檔案資料夾	
__init__	2017/6/25 下午 1...	Python File	0 KB
HelloPython	2017/6/26 上午 1...	Python File	1 KB
MyPythonFile	2017/6/26 上午 1...	文字文件	1 KB

就會看到已經新增了檔案 MyPythonFile.txt：

名稱	修改日期	類型	大小
__pycache__	2017/6/25 下午 1...	檔案資料夾	
__init__	2017/6/25 下午 1...	Python File	0 KB
HelloPython	2017/6/26 上午 1...	Python File	1 KB
MyPythonFile	2017/6/26 上午 1...	文字文件	1 KB

點選 MyPythonFile.txt：

```
MyPythonFile - 記事本                           —  □  ×
檔案(F)  編輯(E)  格式(O)  檢視(V)  說明(H)
Play
```

就會出現我們已經把文字 Play 給寫進去了。

20.5 網際網路程式設計

網際網路程式設計非常地重要，由於我們這只是一本概論性的書籍而已，並不是一本在專論網際網路程式設計的書，但不管如何，網際網路程式設計是非常重要的技術之一，在此，先跟各位大略地來提一下：

```
HelloPython ✕
 1
 2  import socket
 3
 4  def theFunctionOfToCheckIPAddress():
 5
 6      TheNameOfWebsite = 'www.yahoo.com.tw'
 7
 8      print ("The IP Address is: %s" %socket.gethostbyname(TheNameOfWebsite))
 9
10  theFunctionOfToCheckIPAddress()
11
```

```
Console ✕                               ▣ ✕ ✖ ⊙ ⊟ | ⊟ ⊞ ⊟
<terminated> HelloPython.py [C:\Users\HaveANiceDay\AppData\Local\Programs\Python\Python36-
The IP Address is: 106.10.160.45
```

在程式中，我們使用了模組 socket，而這個模組可以幫我們建立起網際網路的通訊功能，我們的範例使用了模組 socket 裡頭的 gethostbyname：

```
socket.gethostbyname(TheNameOfWebsite))
```

來幫我們查出 www.yahoo.com.tw 的 IP 位址是多少。

最後，讓我們來證明一下，www.yahoo.com.tw 的 IP 位址，做法跟前面一樣，只是讓我們打上 cmd 這三個字：

出現命令提示字元：

然後寫上：ping www.yahoo.com.tw：

接著就會出現對於 www.yahoo.com.tw 的相關訊息：

請看我們框起來的地方：

那就是 www.yahoo.com.tw 的 IP 位址，是不是跟我們的：

一樣？

PS：

做這個實驗時必須打開你家的網路或 wifi。

Python 與各學科
之間的 結合

　　學程式語言的最大好處之一就是把程式語言給拿來應用，尤其是應用在科學計算的領域之內，在此，我舉三個科學上的簡單範例來告訴大家，各位在學習完本書之後，可以把你在學校所學或者是實際工作所碰到的科學計算問題給弄成程式語言，並且之後由電腦直接來幫你處理會比較快，首先，是我們的數學問題。

21.1 與數學結合 - 數學計算

　　Python 的提供了一個 math 模組，這個 math 模組當中有很多的數學函數可以讓你來使用，我舉一個求 sin 的例子來做解說各位就知道了：

　　當然啦！ math 裡頭還有提供很多的函數，像是：

math.**atan**(*x*)
　　Return the arc tangent of *x*, in radians.

math.**atan2**(*y*, *x*)
　　Return `atan(y / x)`, in radians. The result is between `-pi` and `pi`. The vector in the plane from the origin to point `(x, y)` makes this angle with the positive X axis. The point of `atan2()` is that the signs of both inputs are known to it, so it can compute the correct quadrant for the angle. For example, `atan(1)` and `atan2(1, 1)` are both `pi/4`, but `atan2(-1, -1)` is `-3*pi/4`.

math.**cos**(*x*)
　　Return the cosine of *x* radians.

math.**hypot**(*x*, *y*)
　　Return the Euclidean norm, `sqrt(x*x + y*y)`. This is the length of the vector from the origin to point `(x, y)`.

math.**sin**(*x*)
　　Return the sine of *x* radians.

math.**tan**(*x*)
　　Return the tangent of *x* radians.

等等，當然，不只三角函數，你還可以看到其他的像是求指數的運算也有：

9.2.2. Power and logarithmic functions

math. **exp**(*x*)
    Return `e**x`.

math. **expm1**(*x*)
    Return `e**x - 1`. For small floats *x*, the subtraction in `exp(x) - 1` can result in a significant loss of precision; the `expm1()` function provides a way to compute this quantity to full precision.

```
>>> from math import exp, expm1
>>> exp(1e-5) - 1   # gives result accurate to 11 places
1.0000050000069649e-05
>>> expm1(1e-5)     # result accurate to full precision
1.0000050000166668e-05
```

    New in version 3.2.

math. **log**(*x*[, *base*])¶
    With one argument, return the natural logarithm of *x* (to base *e*).

    With two arguments, return the logarithm of *x* to the given *base*, calculated as `log(x)/log(base)`.

math. **log1p**(*x*)
    Return the natural logarithm of *1+x* (base *e*). The result is calculated in a way which is accurate for *x* near zero.

math. **log2**(*x*)
    Return the base-2 logarithm of *x*. This is usually more accurate than `log(x, 2)`.

    New in version 3.3.

更多的函數請各位參考官網：

https://docs.python.org/3/library/math.html

21.2 與物理學結合 - 物理學問題

在看過了數學的例子之外，我們也可以把程式語言拿來應用於運動學，像是一道著名的運動學方程式：

$$V = V0 + a * t$$

這時候，如果我們想要求出 V 的話，那我們該怎麼用程式語言寫出來呢？請看下面：

```
1
2⊖ def V(v0,a,t):
3       return v0+a*t
4
5 print(V(0,10,5),'m/s')
6
```

Console
```
<terminated> HelloPython.py [C:\U
50 m/s
```

這時候我們可以設定函數 V，為了靈活運用函數起見，我們在函數 V 裡頭分別放進了三個參數：v0、a 以及 t，然後讓使用者放入引數。

21.3 與化學結合 - 化學問題

在化學上有求莫耳數的問題，例如說一莫耳的氫就有 6.02*10 的 23 次方個氫原子，讓我們來看看下面：

在程式中，由於 10 的 23 次方非常地大，因此我們就使用英文字母 e 來表示 10，而 e 後面的數字就是 10 的次方數，現在，我們要來設計一道程式，讓使用者可以自由地自行輸入進莫耳數之後，就能夠求出量的多少，請看下面：

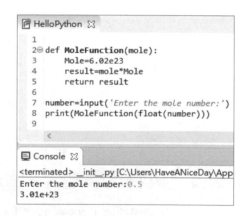

上面的程式告訴我們，如果今天是 0.5 莫耳的話，那量就有 3.01e+23 也就是 3.01*10 的 23 次方的量（例如氫原子的數量）

以上講的都是科學計算，當然，你也可以把 Python 拿來跟財務金融計算結合在一起，例如像是計算利息（例如複利）等等這些你都可以去做，前提是只要有公式，那就可以把公式給轉換成程式語言，最後再由程式語言來幫我們算出你要的結果，至於做法的話，前面都已經示範過其原理，在此，我們就不再一一解說，各位可以試著自己做做看。

附錄

1. 字串型態

內容	範例
\	print(' 這是一行字串，太長時就在行尾加反斜線 \ 就可以換行繼續寫，和 C 語言一樣 ')
\\	print(' 兩個反斜線代表 \\') Path = 'C:\\Program Files\\Python3' print(Path)
\'	message = 'I\'m lovin\' Python' print(message)
\"	print(" 在雙引號的字串裡要印雙引號就加 \" 反斜線 \"") message = "You said: \"I love Python\", I said \"Me too\"." print(message)
\a	print('\\a 字元可以發出聲音 \a')
\b	print(' 退格字元改變遊標標字元 \b\b\b\b\b 的 ')
\f	print(' 反斜線 f 可以 \f 換頁，用在文字模式的畫面控制 ')
\r	print(' ？反斜線 r 將遊標移到行首。\r @ ') message = 'Hello,\rPython' print(message)
\t	message = 'Hello,\tPython' print(message) print(' 用了 \t 反斜線 t') print(' 就可以 \t 對齊 ')
\v	print(' 加了反斜線 v 後，\v 遊標直接向下一行 ')
\0	message = 'Hello,\0Python' print(message)
\n	print(' 第一行 \n 加了反斜線 n 就變成第二行 ') message = 'Hello,\nPython' print(message)
\xhh	print(' 十六進位 0a 的字元是 \x0a 換行 ')
\uhhhh	message = '\u5927\u5BB6\u597D\uFF0C\u6211\u662F\u79CB\u8072\uFF01' print(message)
\Uhhhh	message = '\U0001F60E\U00005927\U00005BB6\U0000597D\U0000FF0C\U00006211\U0000662F\U000079CB\U00008072\U0000FF01\U0001F639' print(message)

內容	範例
\ooo	print(' 八進位 12 的字元是 \o12 換行 ') message = '\110\145\154\154\157' print(message)

2. 格式化輸出

內容	範例
%c	print('0x61 = %c' % 0x61)
%s	today = ' 星期二 ' print(' 今天是 %s 早上 ' % today)
%d	number = 100 print(' 我有 %d 元 ' % number)
%o	number = 100 print('%d 的八進位是 %o' % (number, number))
%x	number = 108 print('%d 的十六進位是 %x' % (number, number))
%X	number = 108 print('%d 的十六進位是 %X' % (number, number))
%f	number = 37.2 print(' 你的體溫 %f 度 ' % number)
%e	number = 37.2 print(' 你的體溫 %e 度 ' % number)
%g	number = 37.2 print(' 你的體溫 %g 度 ' % number)
%G	number = 37.2 print(' 你的體溫 %G 度 ' % number)

PS：執行結果我們就不列出來了，很多已入門的朋友可能一眼就看出結果，針對初學 Python 的朋友，這些都是很簡單的程式，我們希望大家能親手自己將它們打出來，自己執行看看結果，才會有更深的印象。就算是看著書來打出程式，只要是親自動手做的，都會有幫助。本附錄所有程式碼為審校提供，並由作者整理。